丛书主编/陈 龙 杜志红

数字媒体艺术丛书

短视频类型 创作导论

张 健/著

Introduction
to
the
Creation
of
Short
Video
Types

苏州大学出版社
Soochow University Press

图书在版编目(CIP)数据

短视频类型创作导论 / 张健著. —苏州：苏州大学出版社，2021.10（2023.1 重印）
（数字媒体艺术丛书 / 陈龙，杜志红主编）
ISBN 978-7-5672-3718-6

Ⅰ.①短… Ⅱ.①张… Ⅲ.①视频制作 Ⅳ.①TN948.4

中国版本图书馆 CIP 数据核字（2021）第 205695 号

书　　名：短视频类型创作导论
　　　　　DUAN SHIPIN LEIXING CHUANGZUO DAOLUN
著　　者：张　健
责任编辑：杨宇笛
装帧设计：吴　钰
出版发行：苏州大学出版社（Soochow University Press）
社　　址：苏州市十梓街 1 号　邮编：215006
网　　址：www. sudapress. com
邮　　箱：sdcbs@ suda. edu. cn
印　　装：苏州市越洋印刷有限公司
邮购热线：0512－67480030　销售热线：0512－67481020
网店地址：https://szdxcbs. tmall. com/（天猫旗舰店）
开　　本：787 mm×960 mm　1/16　印张：13.75　字数：205 千
版　　次：2021 年 10 月第 1 版
印　　次：2023 年 1 月第 2 次印刷
书　　号：ISBN 978－7－5672－3718－6
定　　价：50.00 元

凡购本社图书发现印装错误，请与本社联系调换。服务热线：0512－67481020

General preface 总序

　　人类社会实践产生经验与认知，对经验和认知的系统化反思产生新的知识。实践无休无止，则知识更新也应与时俱进。

　　自 4G 传输技术应用以来，视频的网络化传播取得了突破性进展，媒介融合及文化和社会的媒介化程度进一步加深，融媒体传播、短视频传播、网络视频直播，以及各种新影像技术的使用，让网络视听传播和数字媒体艺术的实践在影像领域得到极大拓展。与此同时，融媒体中心建设、电商直播带货、短视频购物等相关社会实践也亟需理论的指导，而相关的培训均缺乏系统化、高质量的教材。怎样认识这些传播现象和艺术现象？如何把握这纷繁复杂的数字媒体世界？如何以科学的系统化知识来指导实践？理论认知和实践指导的双重需求，都需要传媒学术研究予以积极的回应。

　　本套丛书的作者敏锐地捕捉到这种变化带来的挑战，认为只有投入系统的研究，才能革新原有的知识体系，提升教学和课程的前沿性与先进性，从而适应新形势下传媒人才培养的战略要求。

　　托马斯·库恩（Thomas Kuhn）在探讨科学技术的革命时使用"范式"概念来描述科技变化的模式或结构的演进，以及关于变革的认知方式的转变。他认为，每一次科学革命，其本质就是一次较大的新旧范式的转换。他把一个范式的形成要素总结为

"符号概括、模型和范例"。范式能够用来指导实践、发现谜题和危机、解决新的问题。在这个意义上，范式一改变，这世界本身也随之改变了。传播领域和媒体艺术领域的数字革命，带来了新的变化、范例和模型，促使我们改变对这些变革的认知模式，形成新的共识和观念，进行系统化、体系化的符号概括。在编写这套丛书时，各位作者致力于以新的观念来研究新的问题，努力描绘技术变革和传播艺术嬗变的逻辑与脉络，形成新的认知方式和符号概括。

为此，本套丛书力图呈现以下特点：

理论视角新。力求跳出传统影视和媒介传播的"再现""表征"等认知范式，以新的理论范式来思考网络直播、短视频等新型数字媒体的艺术特质，尽力做到道他人之所未道，言他人之所未言。

紧密贴合实践。以考察新型数字媒体的传播实践和创作实践为研究出发点，从实践中进行分析，从实践中提炼观点。

各有侧重，又互相呼应。从各个角度展开，有的侧重学理性探讨，有的侧重实战性指导，有的侧重综合性概述，有的侧重类型化细分，有的侧重技术性操作，理论与实践相结合的特色突出。

当然，由于丛书作者学识和才华的局限，加之时间仓促，丛书的实际成效或许与上述目标尚有一定距离。但是取乎其上，才能得乎其中。有高远的目标，才能明确努力的方向。希望通过将这种努力呈现，以就教于方家。

对于这套丛书的编写，苏州大学传媒学院给予了莫大的鼓励和支持，苏州大学出版社也提供了很多指导与帮助，特别是编辑们为此付出了极多。谨在此表示衷心的感谢！

"数字媒体艺术丛书"编委会

$\mathcal{F}$oreword | 前言

　　短视频产品以所向无敌的姿态闯入各类社会主体的娱乐生活，成为媒介化生存不可替代的渠道、表达或载体。但一个巨大的困惑也始终如利剑一般高悬在自媒体人的头顶：在信息超载、视频过载、碎片化接受的当下，短视频如何在长视频、中视频、移动直播等结构性过剩的内容市场上找到自己的"一亩三分地"？如何用精耕细作的内容留住用户，黏住用户？对于短视频的内容从业者而言，这无异于一场注意力的战争，既要精锐尽出、先声夺人，又要排兵布阵、多谋善断。

　　面对自媒体人的利剑之问，本书将UGC（用户生成内容）、PGC（专业生产内容）、PUGC（专业用户生产内容）短视频的功能与服务需求分门别类，既作"识同"，又要"辨异"，将形态各异的短视频内容细分为时政类、资讯类、微纪录片类、网红IP类、草根恶搞类、情景短剧类、创意剪辑类、技能分享类八种类型，力图为短视频的理解与生产提供场景性知识地图与制作指南。比如时政类短视频的核心内容是时事政治，其实质是社会政治信息主题的传递与分享，借助政治内容传达深刻的思想主题意义，短视频则以其短、平、快的特点成为此类新闻信息的主要传播或表达载体；微纪录片类短视频则强调运用纪实性手法拍摄真人真事，以建构人类生存状态的影像历史为目的，其类型风格以简约而又意味深长为主；草根恶搞类短视频，则以年轻草根为主要制作群体，以娱乐明星、影视作品、名人等为恶搞对象，本着反讽、娱乐、狂欢、戏谑等创作目的，对网络中各种各样的新鲜事物进行解构与重构。

本书延续本研究团队在《当代电视节目类型教程》《视听节目类型解析》等书籍中的篇章体例，寻求以模块化的知识分类范式完成对短视频复杂概念与应用图谱的分解与说明。第一模块是短视频类型的定义或界定，其主要目的在于使用简洁明确的语言对类型短视频的本质特征做概括性说明，核心要义在于抓住被定义的类型短视频的基本属性和本质特征。第二模块是类型短视频之下的亚类型划分、亚类型特征。比如时政类短视频，按内容题材分为动态新闻短视频和主题作品短视频；按展现形式又可分为短篇新闻、故事片、纪录片、漫画和其他许多形式。第三模块是如何对该类型短视频进行策划，涉及策划的原则、方法或主要环节等，主要包括主题策划、形式策划、分销模式策划、商业模式策划等问题，目的是解决"我是谁""我提供什么""我有什么独特之处"等操作性、创新性问题。

本书顺应"大众创业，万众创新"的时代大势，试图打破一直以来在"创作"上云山雾罩的神秘气息，但本书同样强调，短视频是自媒体时代的新兴门类，其体量小，传播快，门槛低，内容海量，但粗制滥造与庸俗无聊不应是短视频的代名词，精品意识和工匠之心是短视频黏住用户的关键。

目录
Contents

绪 论

"后文本时代" 的留痕实验

　　开始为本书撰稿时，网络短视频的数量正疯狂增长。2020 年 11 月 11 日，"双 11"当天，"微笑收藏家·波哥"发布了一个视频，时长还不到 10 秒。视频的主人公是丁真，一个有着纯真笑容的藏族小伙。视频配文写道："很多年轻女粉（女性'粉丝'，'粉丝'即 fans）要我多拍拍尼玛。尼玛没遇上，见到他的哥哥丁真。"据"胡润百富"官方号整理：在短视频平台，丁真的"出道之作"瞬间收获 1.3 亿播放量，一度登上热点榜首；自丁真 11 月 19 日开通微博以来，他的热度就一直居高不降。

　　同样，在山东省临沂市费县梁邱镇集市上卖了十几年拉面的马蹄河村村民程运付 2021 年 2 月也因为一条短视频火了，数百网友从全国各地赶来，围在他家门口，就为了"排队等 20 碗"。其实程运付从 2005 年年底就开始摆摊卖拉面，他和妻子每天开车带着面粉、案板和煮面的大锅，辗转于周边几个乡镇的集市。"一直是 3 元一碗，只不过之前是带肉的，现在不带肉了"。《人物》微信公众号 2021 年 3 月 9 日的报道说："此时此刻，全中国流量最高的地方就是拉面哥的家门口。""拉面哥"的视频拍摄者是 22 岁的江苏财会职业学校应届毕业生彭佳佳，平时喜欢拍拍美食类短视频。她拍的"拉面哥"视频播放量超过 2 亿，彭佳佳本人的抖音"粉丝"数也从 7 万跃升到 77 万。

　　丁真与"拉面哥"仅仅是无数网络红人（以下简称"网红"）的缩影。从 2017 年到 2021 年 4 月，不到 5 年时间里，上海的"流浪大师"沈巍、山东的"大衣哥"朱之文及四川甘孜的丁真上演的都是同一个类型的故事。这些故事具有非常接近的"剧本"，主人公个性化的外表、语言、动作通过视频呈现出来，先在短视频平台上爆火，然后蔓延到全网，最后影响现实。[①]

　　短视频的兴起和繁荣在媒介史的千年长河中只是短暂一瞬。2005 年 4 月 23 日，一个当时籍籍无名的网站上传了一个 19 秒短片，名为《我在动物园》（*Me at the Zoo*），这就是视频网站 YouTube 的第一个短视频，这一天创造了历史。2012 年，被誉为短视频应用软件鼻祖的 Vine 面世。在

---

① 窦锋昌. 视频制造的"网络喧嚣"[J]. 青年记者，2021（9）：128.

这个平台上，用户可以创建时长 6 秒的视频，用来捕捉生活中的精彩瞬间，将短视频分享到网络社交平台 Twitter（推特）上，还可以与朋友们交流。同年 10 月，Twitter 以 3 000 万美元的价格收购了 Vine，并视短视频为与帖子短内容完美匹配的形式。从此，Vine 的 6 秒短视频异军突起，到 2014 年 8 月，大约 3.64% 的安卓（Android）用户开通了 Vine 账号，Vine 的用户数量达到 2 亿①。2016 年 4 月，网络社交平台"脸书"（Facebook）在美国旧金山举行"脸书"年会。这次会议上众多自媒体工作者前往取经，向这家拥有超过 20 亿全球活跃用户的媒体学习如何打造高流量的内容产品。开会期间，两名网站编辑在"脸书"平台上展示用橡皮筋绑住西瓜，直到其爆裂的过程。这次毫无新闻价值可言的直播竟然吸引了超过 80 万用户实时观看，其录播视频的点击量超过 1 000 万。

2013—2015 年，以秒拍、小咖秀和美拍为起点，国内短视频平台逐渐进入中国公众视野，进入"寻常百姓家"。曾经让人望而生畏的视频拍摄、上传、分享乃至品牌营销就此走下了一度被技术精英们把持的高高神坛，成为普通人学习、工作乃至娱乐不可或缺的部分。2016 年之前我国短视频基本上是爱好者"单打独斗"的产物，作品走红充满偶然性。例如，旭日阳刚手机自拍，在工人宿舍弹唱《春天里》，纯粹记录的短视频火遍全国，其影响力远远超乎当事人的想象；恶搞视频《一个馒头引发的血案》成为草根短视频的经典之作，开创了拼贴、创意、调侃之风格，却再无下文；还有更多社会资讯类视频快速热传，又急速消退。这些走红视频的共同特点是"一夜爆红"之后，再无连续作品推出。

经过几年市场培育，2016 年之后，散漫无序的短视频生产状态得到显著改善，具体表现在自媒体视频生产的系列化、平台媒体生产的规模化。这反映了我国短视频生产走向成熟。② 快手平台在 3 年时间里积累了 4 亿注册用户，每日活跃用户数 4 000 万，每日 UGC（用户生成内容）视频上传量数百万，成为中国较大的视频社交平台。2019 年 11 月，快手短视频

---

① 参考"德外 5 号"对知乎上"短视频的定义是什么？视频的长度一般是多久？"这一提问的回答，发布于 2019 年 6 月 26 日。

② 王晓红，任垚媞. 我国短视频生产的新特征与新问题 [J]. 新闻战线，2016（9）：72-75.

携手中央广播电视总台春节联欢晚会正式签约"品牌强国示范工程"服务项目，2020 年 1 月再次成为春晚独家互动合作伙伴。另外一匹短视频黑马——抖音，是由今日头条孵化的一款音乐创意短视频社交软件，该软件于 2016 年 9 月 20 日上线，是一个面向所有年龄段用户的短视频社交平台。2019 年 1 月，抖音成为 2019 年春晚的独家社交媒体传播平台；2021 年 1 月抖音成为 2021 年春晚独家红包互动合作伙伴。此外，国内短视频平台还大胆尝试"借船出海"，从东亚、东南亚等新兴市场入手，逐步拓展到北美、欧洲市场。2020 年上半年，抖音海外版 TikTok 全球下载量达到 6.26 亿，在苹果、谷歌系统内产生收入 4.21 亿美元。快手则针对不同海外市场推出了 Kwai、Snack Video 等不同视频应用，在韩国、俄罗斯和越南等国表现抢眼。

4G、5G 新电信模式的普及及流量资费的降低，让短视频成为当代人打量与审视世界的主要窗口。根据《短视频用户价值研究报告 2019H1》，如果在结束一天忙碌的工作、学习之后，只能接触一种娱乐形式，40% 的网民选择短视频；日均观看 10—30 分钟短视频的用户占 32%，超过 1 小时的用户近 30%；相比城镇用户，农村用户使用时长更长，日均使用时长 30 分钟以上的用户接近 70%，显著高于城镇用户（52%）。根据中国互联网信息中心（CNNIC）第 47 次《中国互联网络发展状况统计报告》，截至 2020 年 12 月，中国的短视频用户规模为 8.73 亿，较 2020 年 3 月增长 1 亿，占网民整体的 88.3%。

一、何谓短视频？

从前文的简要回顾可见，短视频作为一种内容载体或观点表达载体，其兴起得益于新媒体技术的更新换代。更重要的是，富有远见的互联网企业家及技术精英能够敏感地捕捉新媒体时代人们的表达需求和潜在的市场机遇。尽管短视频现在已经普及，但是无论在学界还是业界，人们对于短视频的定义并没有达成共识。短视频平台曾经有过所谓"行业标准"之争。

快手：57 秒，竖屏，这是短视频的行业标准。

今日头条：4 分钟，是短视频最主流的时长，也是最合适的播放时长。

秒拍：短视频不需要被定义，秒拍就是短视频！

微博：15 秒，具备了贴图、文字、滤镜等功能，但不支持转发、下载或站外分享。发布 24 小时后内容会自动转为私密状态，仅用户本人可以保存自己的微博故事。

微信：10 秒，一款移动端的即时通信应用程序，一个综合性移动社交平台。

至于理论界，同样没有统一的定义。有论者提出，短视频是一种以秒计时，依托移动智能设备快速拍摄、编辑，可借助社交平台分享的短小的视频形式。① 这一定义说明了短视频具有播放时长短、可操作性强、自带社交功能的特征。亦有人认为，短视频是一种视频长度以分为计时单位，依托移动智能终端，可进行快速拍摄、编辑、播放和分享的新型社交方式。② 王晓红等学者虽然没有对短视频进行定义，但是他们认为移动短视频是指利用智能手机拍摄的、时长为 5—15 秒的视频，可以快速编辑或美化并用于社交分享。③ 郑昊、米鹿则将时长在 5 分钟以内，让人在碎片时间用移动终端观看的视频定义为短视频。④

市场调查给出的定义也不同。比如艾瑞市场咨询有限公司（以下简称"艾瑞咨询"）在其发布的《2017 年中国短视频行业研究报告》中提出，短视频是播放时长在 5 分钟以内，基于 PC（个人计算机）端和移动端传播的视频内容形式；第一财经的《2017 年短视频行业大数据洞察》将短视频定义为依靠移动智能终端快速拍摄、美化编辑，在有限的时间内表达作者思想感情并在社交媒体平台实现迅速传播的新型视频形式。

基于上述定义的梳理，本书发现对于短视频概念的界定，学界、业界主要侧重其播放时长限定与移动终端的技术支持，强调其表达性与社交

① 姚秀秀. 使用与满足理论视角下移动短视频的发展策略研究：以秒拍 App 为例［D］. 南昌：江西财经大学，2017.

② 崔文斐，苏晓楠. 短视频生产传播的困境与路径［J］. 青年记者，2019（32）：13-14.

③ 王晓红，包圆圆，吕强. 移动短视频的发展现状及趋势观察［J］. 中国编辑，2015（3）：7-12.

④ 郑昊，米鹿. 短视频：策划、制作与运营［M］. 北京：人民邮电出版社，2019：5.

性。综合学界与业界的观点，本书讨论的短视频，是指播放时长在 5 分钟以内，以 PC 端或手机移动端为主要播放载体，能够与社交平台无缝对接、用户可以实时分享的新型视频形式。它在碎片化阅读时代满足了用户即时沟通、场景体验的诉求。本书所讨论的短视频往往具有以下特征。

一是时长较短。一般以 5 分钟为限，短则可至几秒。以抖音为例，在抖音平台注册的新用户，最多只能上传单个时长在 60 秒内的视频，而在达到一定条件后，则可以上传单个时长在 5 分钟内的视频。与电影或电视剧视频相比，短视频时长明显较短，节奏明显较快。

二是拍摄门槛较低。短视频主要依靠移动智能终端进行拍摄，对设备的要求较低，拍摄难度较小，没有视频拍摄技术、经验的用户也能进行制作与上传。学习与使用的门槛低，这使得短视频的生产者数量与作品数量都要远远超过传统视频。视频由 OGC（职业生产内容）、UGC、PGC（专业生产内容）等构成，但至少从数量而言 UGC 占据了短视频的大多数。

三是传播范围广，随机性强。与传统视频主要依靠用户主动搜索的传播形式不同，短视频传播主要依靠平台推送。使用某一短视频平台的用户，均有可能获取传送至平台的短视频内容，但这种传播方式具有较强的随机性；即使现阶段各大短视频平台会依照用户的使用习惯，推送其可能感兴趣的短视频，但总体来看，在数量庞大的短视频中，某一短视频的观看群、播放量、关注度仍具有较强随机性。

短视频的普及带来传播主体、传播内容、传播市场及整个网络治理体系的巨变。曾经做过新闻记者的窦锋昌甚至感慨，这个"全面视频"的时代，极大地改变了传播的形态和内容，甚至出现了很多令"老一辈"新闻人匪夷所思的现象。[①] 在短视频产业环境下，每个个体都拥有视频生产与供给的能力，万物皆可拍，万物皆可播，抖音、快手等短视频软件成为网络社交工具的主流，中国大踏步进入"短视频社会化"的新时代。2021年 1 月 19 日，腾讯高级副总裁、微信事业群总裁张小龙在 2021 微信公开

---

① 窦锋昌. 视频制造的"网络喧嚣"[J]. 青年记者，2021（9）：128.

课 "微信之夜" 上表示，"视频化表达" 会成为下一个十年内容领域的主流，"虽然我们并不清楚，文字还是视频才代表了人类文明的进步，但从个人表达及消费程度来说，时代正在往视频化表达方向发展。"

新闻传播学者认为，视频取代文本的过程意味着视频 "占领" 互联网，人类进入了 "后文本时代"。从精英视角来看，这是一个一个 "往下笨"（dumbing down）的进程。"未来的个人表达，将是一个往下短、往下碎、往下'演'的进程，因为短视频显然比文字更能够直观地展演自己，而直播，则连演都不用演了，只需把 360°网络摄像头架好，随时随地地把生活中的各种片段搬到网上供一众看客围观就好了。"①

二、短视频类型学：一个让河流静止的实验

"人不能两次踏进同一条河流。" 这句古希腊名言可以用来描述今天迅速发展的短视频实践带给学者们的巨大挑战。一是因为短视频创作门槛低，随意性强。有学者点评说："历史上，文字曾经是少数人的特权，现在，在视频无所不在的包围下，我们有可能看到，文字再度沦为少数人的游戏。视频迎合底层，文字满足上层，但底层市场更大，一定会挤占上层市场的空间。大概从印刷机发明以来，我们还没有见过社会的趣味和偏好被底层大规模决定的情形。"② 短视频创作门槛低使得大众传播时代形成的关于文学、电影、广播电视节目等类型划分的理念与方法因其制作者的文化精英属性而变得不太适用，结合这些理论研究短视频稍有不慎就会削足适履。二是因为虽然短视频具有一定的共性，但所谓共性又相当有限。短视频内容庞杂，涉及领域众多，千差万别，千奇百怪，无所不包，即时拍摄，无所不能，更具草根性、随意性，或搞怪，或搞笑，或传递新闻信息，或纯属自娱自乐，包罗万象，具有非常大的不确定性。③ 庞杂的内容带给研究者的挑战是如何将难以计数、即时生成、动态演进的短视频静止

① 胡泳. 视频正在 "吞噬" 互联网［N］. 经济观察报，2021-02-08（22）.

② 胡泳. 视频正在 "吞噬" 互联网［N］. 经济观察报，2021-02-08（22）.

③ 王国平. 中国微影视美学地图：短视频、微电影、形象片、快闪、MV 之发明与创意［M］. 上海：文汇出版社，2020：8.

化。这不仅要概念化若干类型短视频各自涵盖的个性，同时还要概念化涵盖若干类型的短视频总体的共性。

类型学方法在一定程度上可以解决因短视频数量与内容上的丰富性而带来的认知困境，因为"人类认识世界之所以要从对事物总体（世界万物）的分类开始，主要是因为构成这一事物总体（例如'树'）的个体数量在理论上说是无限多的，人们要想直接认识这无限多的个体，既无从下手，也不可穷尽，只能将它们分成有限的几个类型，才有可能认识它们"①。日本美学家竹内敏雄在《艺术理论》一书中指出：一般地说，所谓类型是我们比较许多不同的个体，抓住它们之间可以普遍发现的共同的根本形式，按照固定不变的本质的各种特征，把它们全部作为一个整体来概括；同时，在另一方面，把这种超个体的、同形的统一的存在与那些属于同一层次的其他的统一存在相比较，抓住只有它自己固有的、别的任何地方均看不到的特殊形象，把这一整体按照它的特殊区别于其他的整体性时，在这二者的关系中形成的概念。简而言之，这个概念包含了对于自己的共同性和对于他物的相异性两个方面的含义，是从这两个方面把握的一定范围内的存在者群。因此，一切类型都是在其自身可以结为一体的同时，也都可以与他物相区别，起到普遍与个别的媒介、多样与统一的联结的作用。② 简单地说，运用类型学方法要达到两个认知目标：识同与辨异。一个是由"识同"所主导的"向上的抽象化"向度，一个是由"辨异"所主导的"向下的具体化"向度。这两个向度又分别构成了分类的两种方式："向上的抽象化"构成"归类"（归纳类型）；"向下的具体化"构成"划类"（划分类型）。③

识同与辨异工作首先是由短视频的资本市场完成的。艾瑞咨询根据时长对短视频进行分类。15 秒及以下的，通常为 UGC，多为普通用户的自我表达，代表平台有美拍、抖音等；1 分左右，侧重故事或情节的展示，内容表达相对完整，代表平台有快手等；2~5 分，通常为 PGC 内容，有

① 王汶成. 文学话语类型学研究论纲 [J]. 中国文学批评, 2016 (3)：52.
② 竹内敏雄. 艺术理论 [M]. 卞崇道，等译. 北京：中国人民大学出版社, 1990：81.
③ 王汶成. 文学话语类型学研究论纲 [J]. 中国文学批评, 2016 (3)：52.

完整且专业的编排和加工剪辑，内容维度丰富，侧重媒体属性，代表平台有梨视频、西瓜视频等。另外，有部分平台兼顾两种时长的内容，并用版块进行区别，如土豆；也有部分短视频平台目前在时长上不做界定，如秒拍。艾瑞咨询还根据画面的呈现方式，将短视频分为竖屏模式和横屏模式：从观看习惯上，竖屏更加符合碎片化阅读环境下的用户的阅读习惯，浏览便捷，横屏更加符合用户的视觉生理习惯，不易使人疲劳；从内容诉求上，竖屏在内容上更加强调人物个体，突出自我表达，横屏在内容上更加强调叙事，侧重故事和情节的展现。

根据百家号发布的《路胜贞营销观察》，一位 UP 主（在视频网站等上传视频、音频文件的人）将短视频按照内容划分为新闻、才艺、技能分享、思想分享、娱乐及"晒脸"（展示容貌）六大类。其中，新闻类："新闻大多由官方发布，商业号大多是把人家官方做好的饭端到自己锅里，剪吧剪吧放到自己号上的。"才艺类："吹拉弹唱、戏曲、小品、武术、舞蹈、杂技、魔术，都算是才艺，才艺吸引的'粉丝'非常精准，到一定火候，不管是当老师教学生，还是直播拉打赏，都容易变现。"技能分享类："做菜、泥塑、吹糖人，品酒、品茶、针灸推拿、刷漆、铺砖、修汽车、学驾驶都是技能分享，这里边的门槛不高，难度不大，有点真货，也容易聚拢'粉丝'，也容易变现。"知识思想分享类："天文、地理、医学、管理，无论什么行业，只要形成思想，都可以分享，例如陈果、樊登、李雪琴都是一种知识思想的分享，这类似于早期的于丹、易中天。"娱乐类："职场故事、影视剪辑、小段子等。""晒脸"类："晒脸是最容易获粉的方式，比如'大晓啦'方言、车模、舞模、泰国小妹妹、'俄罗斯的中国迷'等。"

学界对短视频的分类方式则稍有不同。部分研究者主张按照传统视频的分类方式，直接按照视频内容进行分类，比如将短视频分为纪录类短视频、采访类短视频、影视类短视频、音乐类短视频、解说类短视频等。有研究者出于对"平台责任和短视频著作权侵权问题"研究需要，主张以短视频创作手段进行分类①，将其分为原创类短视频（主要内容完全由创作者独立创作）、搬运类视频（将他人创作的长视频分段分解为多个短视频，完全或部分搬运至短视频平台进行播放）、剪辑类短视频（根据短视频创作者的意图，将长视频的内容进行二次编辑，创作出相似却不相同的独立作品；评论类短视频，利用他人创作的视频，在视频播放过程中或播放完毕后插入评论）、翻拍类短视频（对他人创作的视频进行模仿，利用他人创作的情节、画面或台词等，通过拍摄者自身的演绎进行再现）。也有研究者提出，应对平台页面上的板块和内容进行类型细分。以板块可以细分为：音乐类、搞笑类、游戏类、生活服务类、时尚简讯类、萌宠类。以内容可以细分为：温情纪录片类、网红 IP（Intellectual Property，即知识产权）延伸类、草根趣味类、幽默短剧类等类型。②

综合学界和市场调查人士的观点，本书按照两个参照项来完成对短视频的识同与辨异实验，即第一，立足于内容层面，第二，立足于深耕媒体市场界人士的看法，将目前常见的短视频类型划分为：时政类、资讯类、微纪录片类、网红 IP 类、草根恶搞类、情景短剧类、创意剪辑类、技能分享类八个类别。

三、模块化知识与本书写作体例

所谓模块，是指在电脑软件系统的结构中，可组合、分解和更换的单元，这些单元承担不同的指向、应用与功能。模块化则是指通过在不同组件设定不同的功能，把一个问题分解成多个小的、独立的、互相作用的组件来处理。从写作《当代电视节目类型教程》开始，到后来修订《视听节目类型解析》，我们研究团队一直寻求通过模块化的知识分类范式来完成对复杂概念与理论体系的分解与说明。本书将继续沿用此类模块化知识划分传统：第一模块，各种短视频类型的定义或概念，其主要目的在于使用

① 余祺，王巽. 原创类网络短视频的"独创性"认定 [J]. 法制与社会，2020（23）：190-192.

② 司若，许婉钰，刘鸿彦. 短视频产业研究 [M]. 北京：中国传媒大学出版社，2018：110-111.

简洁明确的语言对类型短视频的本质特征做概括性说明，核心要义在于抓住被界定类型的短视频的基本属性和本质特征；第二模块，该类型短视频的主要惯例、程式，即类型特征，该类型的演进简史或大事记，该类型之下的亚类型划分；第三部分，如何创作该类型短视频，涉及策划与制作的原则、方法或主要环节等。

下面分别对如何给类型短视频下定义、何谓演进简史或大事记、何谓短视频的策划及本书对"创作"的理解等做些简单说明。

在《现代汉语词典》（第7版）中，"创作"一词在作为动词时意指"创造文艺作品"，作为名词时指"文艺作品"本身。这表明，言及"创作"，人们总是或多或少、有意或无意地赋予这一类活动艺术性的色彩。本书立足于"大众创业、万众创新"这一新媒体所带来的技术赋权语境，将创作理解为"人人皆可为，人人皆有为"的策划、制作、剪辑等日常智力活动。何谓"创作"？"创"即开始（做）；"作"即进行某种活动，合二为一即"开始做某件事或进行某种活动"，类似于英文中的 making 或 creation。本书书名《短视频类型创作导论》中的"创作"指向的是短视频的策划、制作、剪辑等活动，有时也代以"生产"或"内容生产"，这时强调的是一种持续性、规模化、市场化的文化工业活动，不强调这一活动在内在精神方面的超常性与探索性。

下定义通常有两种方法：词语定义和实质定义。词语定义是明确某一语词表达什么概念，其作用在于表明一个词语作为能指的所指或含义，比如百度百科对"二次元"的定义："二次元，来自日语的'二次元'（にじげん），意思是'二维'，在日本的动画爱好者中指动画、游戏等作品中的角色，相对地，'三次元'（さんじげん）被用来指代现实中的人物。"实质定义重在揭示某个概念所反映对象的特性或本质，一般形式为：被定义的概念＝种差＋邻近的属概念。比如本书对"时政类短视频"进行定义时就采取这种方法，"时政类短视频，是指对于国内外政治生活中新近或正在发生的，具有全局性的政治、经济、社会生活领域的重大事件、重要问题及国内外政治事务和政要人物相关活动进行报道、分析、阐释或评论的短视频类型"。在这个定义中，"短视频"是"属概念"，"对于国内外政治生活中新近或正在发生的，具有全局性的政治、经济、社会生活领域的重大事件、重要问题及国内外政治事务和政要人物相关活动进行报道、分析、阐释或评论"便是"种差"，用来揭示和说明时政类短视频的本质特性。

演进简史或大事记，其实就是编年体历史的简写版。编年体是修志时常用的一种基本方法，完全以时（年）系事，按照事件发生的顺序，逐年、逐月、逐日记事。这种方法有三个优点，一是以时为序记事清楚；二是记事结果符合人们认识事物规律；三是符合"竖不断线"的要求，按年度收集资料，稍加编排，即可完成长篇的编写任务，但缺点是不易集中反映一系列历史事件前后的联系，在反映事件的社会背景、原因、影响因素等方面都有很大欠缺。之所以采取这种"时间+事件+简评"的编年体写法，主要是由于短视频发展的时间不长，积淀不够，历史纵深感欠缺，有很多正在发生和演变的文学现象还不具备稳定的史的性质。王晓红等人在2015年左右就发现，移动短视频应用于2011年出现，到2015年在中国就已形成了群雄逐鹿的局面。然而，这种社交新方式看似起势迅猛，前途光明，实际应用却不温不火，而且内容创作同质化严重，玩模仿、秀萌宠、拼搞笑的老把戏新意匮乏；平台只顾短期盈利，长期规划不足；监管不力、版权保护缺位，低俗内容和创意抄袭大行其道。① 正如唐弢先生在评论文学史时所说的，"历史需要稳定，有些属于开始探索的问题，有些尚在剧烈变化的东西，只有经过时间的沉淀，经过生活的筛洗，也经过它本身内在的斗争和演变，才能将杂质汰除出去，事物本来面目逐渐明晰，理清线索，找出规律，写文学史的条件也便成熟了"②。

有学者指出："现象级短视频的核心特征是什么？从表层看，是播放量巨大，话题性很强，从而引发更多维度的传播，被人们称为爆款。但从底层逻辑看，恰恰是抓住了最大基数受众需求中还没有被很好满足的细分部分，或者说，恰恰抓住了结构性短缺部分。因此，在短视频供给结构性

① 王晓红，包圆圆，吕强. 移动短视频的发展现状及趋势观察 [J]. 中国编辑，2015（3）：7–12.

② 唐弢. 唐弢文集：第九卷 [M]. 北京：社会科学文献出版社，1995：495.

过剩的格局中，发展短视频业务的底层逻辑就应当是本能地寻找相对供给短缺的领域、品类、供给方式和服务方式，由此作为方向选择、资源分配、竞争策略确定的依据。"① 从策划学的视角而言，寻找相对供给短缺的领域、品类、供给方式和服务方式，由此作为方向选择、资源分配、竞争策略确定的依据其实就是短视频类型的策划工作。类型策划，是一个系统性的工程或过程，主要指："根据目标受众、目标市场的潜在和现实需求，在分析外部和内部竞争环境的基础上，形成一个视听节目创意方案，包含节目的主题内容、表现形式、传播模式和商业模式。"② 在信息超载、视频过载的今天，短视频如何从不计其数的内容产品中脱颖而出，找到自己的忠实用户并黏住用户？这对于短视频的从业者而言，本质上就是一场注意力的争夺、头部位置的争夺，无异于在战场上逐鹿群雄，排兵布阵。本书在讨论短视频策划时，主要阐述了主题策划、形式策划、分销模式策划、商业模式策划等问题，策划的目的是解决"我是谁""我提供什么""我有什么独特之处"等问题。其中，主题策划主要解决"做什么"的问题，是短视频策划的核心；形式策划，解决"如何做"的问题，包括产品形态、环节设置、节奏、风格、包装、舞台等一切与类型形式相关的内容；传播模式策划，解决"在哪些渠道投放"的问题；商业模式策划，解决销售即在众多的类型产品全方位竞争时如何突出重围又如何活下去的问题。

当然，在讨论某种短视频类型，比如情景短剧类短视频时，本书并未面面俱到，而是根据具体的短视频类型，有所侧重，突出要点。

① 陆小华. 支撑短视频传播力、竞争力的底层逻辑［J］. 中国出版，2020（24）：25.
② 周笑：视听节目策划［M］. 北京：高等教育出版社，2015：14.

第一章
时政类短视频

◉ 案例 1.1 《主播说联播》之《康辉回应口播超 20 分钟》

2019 年 7 月 29 日，央视新闻新媒体中心正式推出《主播说联播》。《主播说联播》的节目中，主播们一改在节目过程中的严肃态度，使用手机录制 1 分钟左右竖屏模式的高清短视频，在诙谐轻松的节目词和背景音乐下，妙语双关地对当日新闻联播节目中的重大热点新闻事件和重要新闻动态进行精彩解说，节目从直播内容到表现形式都更加接地气、年轻化。

@新闻联播

康辉回应《新闻联播》口播超20分钟：每天都做着同样的准备，各种意外情况都要随时应对👍

《康辉回应口播超 20 分钟》

2020 年 11 月 3 日《新闻联播》中，"康辉口播超 20 分钟"冲上微博热搜，口播过程中耳机滑落，康辉抬手调整耳机。11 月 15 日康辉在《主播说联播》上将调整的姿势解释为多余的动作，并回应热搜："只是完成工作当中正常的一天，我们每天都做同样的准备，各种意外情况都要随时应对。"该条视频获得 63.2 万的点赞量，网友纷纷评论鼓励道："康辉已足够优秀。"

央视《新闻联播》顺应新闻媒体融合的发展趋势，在其一直深耕的电视新闻媒体基础上，打造短视频栏目《主播说联播》，形成电视"大屏"与手机"小屏"的联动式新闻传播渠道，同时内容也遥相呼应，为央视主流新闻媒体在移动互联网信息化时代的创新与转型升级提供了新的启示。

◉ 案例 1.2 观察者网之《骁话一下》关于中印边境冲突的时事分析短视频

观察者网是由上海观察者信息技术有限公司和上海春秋发展战略研究院联合主办的新闻时评集成网站，于 2016 年入驻哔哩哔哩（bilibili，简称 B 站），宣传语为"广受年轻人心疼的网站"，现拥有 600 万以上的"粉丝"。

观察者网短视频制作团队在创作过程中坚持以原创为主、转载为辅的核心思想，争取主动着手，尽量减少被动传播，努力为用户提供全新的短视频风格，努力增强自身的品牌价值和吸引力。

《骁话一下：印度总"碰瓷儿"，但为什么中印不能开战？》由观察者网栏目之一《骁话一下》于2020年6月制作播出。针对当时中印边境发生严重冲突的情况，王骁用"碰瓷儿"比喻印度对中国国土的侵犯，分析印度外交政策后推导印度"碰瓷儿"的原因，进而剖析中国的应对之策。该期视频播放量达2 289万，弹幕数达13.1万，引起青年"粉丝"的关注与热议。

作为政治领域的专家，观察者网的主播较少使用佶屈聱牙的专业词汇，相反，主播们通俗易懂的用词，风趣幽默的表达，以及环环相扣、条理清晰的分析，让众多年轻人选择通过观察者网的短视频来深入了解国内外的时事政治。

◉ 案例1.3 "学习强国"之《"敌机"持续来犯？吃我一波长点射！》

2019年1月1日，中宣部"学习强国"学习平台正式上线，该平台专注于政治基础理论的深耕和红色思想文化的传播，以深谙网络信息传播动力和平台流量逻辑的体系扛起政治传播的大旗，一经发布与推广立即迎来了现象级的传播盛况。

在视频栏目《百灵》中，学习强国搬运央视网短视频《"敌机"持续来犯？吃我一波长点射！》，以竖屏模式展示陆军第74集团军某防空旅高炮分队实弹射击时的情景。在半分钟之内，空军投放长点射的英勇姿态与炮弹的密集有力展现得淋漓尽致。收获网友2.6万点赞量。

"学习强国"作为一个大型融媒体平台，为时政新闻的创新传播开辟了新的路径，同时也使主流媒体掌握

《"敌机"持续来犯？吃我一波长点射！》

了舆论场的主动权、主导权，进一步推动媒体融合纵深发展。这既是国家增强政治传播本领的实践创新，也是政治传播路径向移动端口的延伸。

央视的时政类视频新闻一直在中国主流媒体的新闻排行榜稳坐头把交椅，随着短视频传播的异军突起，央视加入这一新的角斗场：2019 年 8 月 25 日，央视新闻官方微博宣布《新闻联播》正式入驻快手平台，首条预告视频 49 分钟内播放量便已突破 2 800 万；《新闻联播》抖音账号也同时正式开通，发布的第一条视频是《邀你一起"抖起来"》。

时政类短视频一时成为各传播主体逐鹿短视频平台的主攻方向。腾讯新闻 ConTech 全媒派数据实验室与北京大学视听传播研究中心共同发布的《2019 短视频 Z 世代用户研究报告》甚至说："只要手机还攥在年轻人的手里，短视频的热度就会继续升温，新闻短视频的用户规模就会继续攀升，短视频播放平台也将因为用户的分层和趣味的偏好而不断分化，而随'机'长大的 Z 世代用户必将成为举足轻重的消费主体。"中国互联网信息中心（CNNIC）第 46 份《中国互联网络发展状况统计报告》称："截至 2020 年 6 月，我国网络视频（含短视频）用户规模达 8.88 亿，占网民整体的 94.5%，其中短视频已成为新闻报道新选择、电商平台新标配。网络新闻用户规模为 7.25 亿，占网民整体的 77.1%，网络新闻借助社交、短视频等平台，通过可视化的方式提升传播效能，助力抗疫宣传报道。"

第一节　时政类短视频的概念

至少从字面上来看，时政类短视频是属概念"短视频"与种概念"时政"二者之和。在属概念的内涵与外延较为清晰的情形下，有必要进一步说明"时政"这一概念的内涵与外延。

一、何谓时政新闻？

"时政"这一说法来自"时政新闻"。有研究者认为："时政新闻，就是时事新闻与政治新闻的简称"，"狭义上的'时政新闻'即关于领导人物的新闻，其新闻价值的大小与领导者职务的大小成正比。广义上的时政新闻，就是有关政党的施政纲领、政治思想及其政治活动与政策发布的报道"。① 也有学者认为所谓时政新闻，是新闻媒体对党与政府在政治生活中新近发生或是正在发生的事实情况的报道，是指相关政党、社团在处理政治、经济生活重要事件或者处理国际关系方面等多个领域上的一些基本方针、政策和政治活动。该定义主要侧重于宏观层面，强调了时政新闻所具有的五个基本特征：政治性、政策性、信息性、广泛性和时效性。

《中国新闻实用大辞典》对"政治新闻"的解释是"报道国家、政党、社会团体、知名人士在国内、国际方面的政治主张、言论、行为与活动，以及社会上的政治思潮、政治事件、政要人物更迭等方面的新闻。"② 该定义既强调了时政新闻所关涉的宏观层面，如"政治思潮、政治事件、政要人物更迭"等方面的"非事件性"，又囊括了微观层面如"国家、政党、社会团体、知名人士在国内、国际方面的政治主张、言论、行为与活动"等方面的"事件性"。

陈星则在《时政新闻报道的"加减法"》中将时政新闻明确分为广义和狭义两个不同维度：从广义上讲，时政新闻是指对于国家政治生活中新近或正在发生的，具有全局性的政治、经济、社会生活领域的重大事件或重要问题进行的报道；从狭义上讲，则更多地集中于对当地或国家主要政治事务和政要人物相关活动的报道。无论是广义还是狭义层面，因其涉及新闻内容题材之重大、参与者政治身份之重要、信息传播的社会影响之广泛，时政专题新闻历来都是我国新闻信息传播全过程中的"重头戏"。③ 相对而言，这一定义更加具体全面，明确划分了广义层面与狭义层面的界限，指向更加明晰，尤其强调时政新闻"是我国新闻信息传播全过程中的'重头戏'"，切中肯綮。

---

① 丁柏铨，李卫红. 论时政新闻的改革创新（一）[J]. 采·写·编，2006（4）：7.
② 冯健. 中国新闻实用大辞典 [M]. 北京：新华出版社，1996：77.
③ 陈星. 时政新闻报道的"加减法"[J]. 新闻与写作，2014（2）：80-82.

二、时政类短视频的界定

检索百度百科等，均没有获得有用的关于时政类短视频的词条解释。这表明，尽管时政类短视频日益成为时政新闻重要的表达与传播方式，也出现了少量的研究文献，但对其内涵做出清晰界定的相对较少。目前阅读所及，主要有以下两条解释颇为有趣。有论者从时政类短视频的主体功能出发界定其内涵："时政微视频的内容一般以时政新闻为切入点，弘扬爱国主义、民族精神、革命精神以及社会主义核心价值观，学习宣传习近平新时代中国特色社会主义思想等重大时政题材内容。"① 也有学者提出：对于"时政类微视频"的界定，学界与业界的指向都较为模糊。从内容制作机构来看，时政类短视频的制作机构主要是具有主流视听产品持续生产能力的头部媒体，它们拥有较为庞大的资源存量和充足的人力、物力和财力；从视频形态上看，时政类短视频主要以时政性内容为创作主线，将政治传播作为核心任务，且内容精练、主题明确、表达轻快、风格新颖；从传播价值上看，时政类短视频主要通过机构融合打破内在屏障，在保持品牌调性统一的前提下实现制作方向的区隔，立足"互联网思维"打造新型的时政叙事表达，谋求在全媒体环境的舆论场中释放更广的影响力，拓宽传统媒体的生存空间。②

时政类短视频的核心内容是时事政治，其实质是社会政治信息的传递与分享，借助政治内容传达出深刻的思想内容。综合考量，本书对时政类短视频的定义如下。

时政类短视频，是指对于国内外政治生活中新近或正在发生的，具有全局性的重大事件、重要问题、重要热点，以及国内外政治事务和政要人物相关活动进行报道、分析、阐释或评论的短视频类型。

---

① 侯良健. 时政微视频的创作理念与主题表现 [J]. 中国编辑，2019 (11): 72.
② 冯楷. 主流媒体时政微视频的继承与创新：以"央视新闻"新媒体为例 [J]. 中国广播电视学刊，2019 (8): 12.

三、当前时政类短视频的发展趋势

在媒介环境快速变化、传播方式交织融合的当下，相较于统一的、模式化的内容，用户更加青睐个性化的信息。学者保罗·莱文森十分重视人在媒介技术演进过程中的能动作用，强调媒介的"人性化趋势"。流量时代媒体更是以用户为衣食父母，势必要追随用户目光，考虑用户需求，在传播内容与表现方式上做出新的调整。

1. 从"个体化"趋向"主流化"

新媒体平台的大门不仅面向专业的媒体机构和新闻记者，也面向表达欲旺盛的普通民众。平台的开放性极大地激发了普通人进行视频创作的热情，人人可以充当信息素材的把关者，从自身出发对各类信息做出解读与传播，"个体化"表达的音量越来越大，大有冲破传统媒介"优势意见"之势。"个体化"的背后是个体立场的多样化和价值观念的多元化，且伴随着个人感情色彩十分强烈的话语方式。而传统媒体得天独厚的政治新闻资源赋予了其在时政新闻领域不可替代的位置。传统媒体在混乱的信息场中有能力及时辟谣、澄清事实真相，引导微视频创作由"个体化"表达向"主流化"表达转变。传统媒体对社会主流价值观的坚守使其在内容把关上更加严谨，在表达方式上更加理性，承担起"主流化"表达的社会责任。

在新冠肺炎疫情期间，人民网旗下的"人民视频"开足马力，在其微信社交群和网络媒体公众平台上陆续发起"抗'疫'朋友圈"话题，在客户端发起"人民战'疫'"短视频征集活动。"人民视频"客户端也专门推出了《众志成城 坚决打赢"防疫战"》专题，设置了《人民战"疫"》《持续关注》《专家解读》《防控知识》《辟谣求真》《八方支援》六个特色鲜明的专题版块，内容包含动画形式的疫情防控知识科普、记者实地考察走访、摄影师实地航拍 vlog（video blog，即视频网络日志）、交通安全、官方新闻发布会、各地应对疫情情况等多个重点方面，努力营造风清气正的舆论环境。

2. 从"同质化"趋向"个性化"

"个体化"的短视频创作必然受限于创作个体的艺术体验，其创作的短视频作品在集体无意识中体现出"范式化"创作形态。① 《三十而已》获得影视剧顶级流量，很快成为女性题材网络剧争相模仿的对象，被当作大女主题材电视剧的范式。同样，在短视频平台成为当下顶流的视频，其样式也会被纷纷效仿，当同质化趋势过于明显时便会引起用户审美疲劳。新媒体技术倒逼媒体打破原有话语体系和传播模式，将用户所偏好的信息需求与审美要旨纳入考量范围，因此时政类短视频形式从同质化、"范式化"转向"个性化"，尝试多种个性化的内容表达是大势所趋。

3. 生产者由草根趋向"再专业化"

2016 年是短视频井喷的时期，全民迎来了短视频的狂欢盛宴，各种内容形式的短视频持续涌现。对于 UGC 而言，智能手机的普及使普通人突破了技术和设备的限制，制作短视频从此成为草根大众的权利。而移动互联网的发展让短视频的传播摆脱时间和地域的限制，传播短视频变得更简便易行。然而，短视频创作个性化并不意味着懒人化，操作简易并不意味着时政类短视频的制作门槛就低。时政类短视频的电影化表达为短视频的专业化表达树立了标杆。2020 年两会期间，上海广播电视台融媒体中心时政团队为全国两会策划了一套短视频产品——《两会日记》，以记者 vlog 的形式，每天创作一则视频日记，讲述全国"两会"的幕后故事。会议之初以花絮为主，如"代表 get 云技能""隔屏互动的代表通道"，中后期进一步增加幕后细节，增添接地气的评论色彩。其中一篇日记《代表们"烧脑"的一天》，记录了代表们是如何认真审查预算报告、对花好政府"钱袋子"里每一分钱建言献策，这则日记被央视新闻客户端转发。《议案建议倒计时，从提意见到变法律》把镜头对准了上海代表团议案建议联络员，见证他在议案建议截止前几个小时的工作情况，这条短视频被全网推送。

---

① 卞祥彬. 媒介环境变迁下时政微视频的传播策略 [J]. 当代电视，2019 (1)：77-79.

第二节 时政类短视频的类型特征

时政类短视频区别于传统电视节目中的新闻报道，虽然内容上仍然以时事政治为主体，但在表达方式、展现手法和传播渠道等方面拥有自身独特优势。

一、时政类短视频的类型特征

1. 以重大政治人物、全局性的国家方针政策的报道与解读为主

有作者在对 2017 年"十佳网络新闻短视频"获奖作品进行分析时发现，除《凡人义举》是以生活化的视角描述一个普通人的日常之外，其余九部获奖作品均为重大政治人物或重要政治领域事件。时政类短视频除兼具移动短视频的基本特点之外，还因其内容题材为时政新闻而承担支撑了政治主题的宏大性和重要性。[①]

相比于传统的文字和图片报道乃至广播电视报道，时政类短视频更能够拉近与用户的距离，通过较强的视觉冲击，给予观看者仿佛置身其间的现场感；从画面、语态到呈现形式都更贴合用户的接受水平，进而使得用户对于媒体发布者更容易产生亲切感与认同感。除此以外，时政类短视频还可以通过微博、微信等社交网络平台进行二次传播，延伸媒体的话语空间，提高传播的时效性和信息的到达率。

《新闻联播》快手号在开设后 3 个月内（2019 年 8 月 24 日至 12 月 25 日）共发布短视频 71 条，短视频主题占比从高到低分别为：时事政治类（23.53%）、节日类（16.47%）、社会民生类（15.29%）、爱国宣传类（12.94%）、文化体育类（10.59%）、自我推广类（7.06%）、网络热点搭载类（5.88%）、经济类（4.71%）、科技名人类（2.35%）和生态环境类（1.18%）。其中，时事政治类内容占比位居第一，具体包含习近平

① 柳爽. 时政短视频创作及传播的创新路径：基于 2017 年十佳新闻短视频获奖作品的分析[J]. 电视研究，2018（3）：55-57.

总书记出访、香港时事、中美贸易、NBA 辱华等关注度较高的时政热点话题。①

2. 生动活泼接地气，易读易懂易传播

长久以来，时政类电视新闻往往显得生硬，总是以"播音腔"的面貌呈现给用户。但是，时政类短视频适应了时代的发展，把握了新媒体时代的规律，把时政新闻的语言变得不再"曲高和寡"。采用生活化、口语化的方式来报道时政新闻，是时政类短视频的重要特征之一。不同于文字阅读的高门槛，短视频更加容易理解，便于传播，让"新闻更好看，时政不难懂"。无论是数据解读、政策说明，还是领导人形象展现，时政新闻短视频都呈现出场景化、趣味化的特征，让严肃难懂的时政新闻变得生动有趣，进一步提升主流媒体的传播性与新闻影响力。

就标题而言，时政类短视频既紧跟当下流行又言之有物。比如"央视网快看"《段子手朱广权：确认过眼神，你们就是我们最想致敬的人》《"汉囧"小伙"大连"终于回家了》等短视频采用了故事化、亲民化的标题打破时政新闻给年轻用户留下的刻板印象，进一步获取年轻用户的注意力。

就内容而言，时政类短视频一改以往庄重、不苟言笑的风格体现出语言的平民姿态。如在 2019 年 8 月 24 日《新闻联播》快手号发布的短视频中，康辉使用了当下热门流行的"明学"② 语句"我不要你觉得，我要我觉得"来讽刺美方屡次挑起贸易战的行为，这一视频很快登上微博热搜高位，收获网友好评。

3. 多元手段增强短视频可视性、生动性

区别于我国传统电视新闻剪辑程式化、表达模板化的视频内容制作方式，时政类短视频为用户拍摄、剪辑、呈现各种类型的新闻内容提供了新

---

① 张燕，韦欣宜，尹琰.《新闻联播》快手短视频内容与传播热度影响因素探究［J］. 电视研究，2020（8）：79–82.

② "明学"这种说法是"红学"在网络语境下的变种，借用了"红学"作为一门学问的研究模式。观众对湖南卫视《中餐厅》节目的研究被戏称为"中学"，分析节目中黄晓明的一言一行则被戏称为"明学"。黄晓明的"我不要你觉得，我要我觉得""你们不要闹了"等言论都成为"明学"的梗。

的可能性。

在视频画面的剪辑应用上，时政新闻类短视频不再一味遵循传统的视频剪辑制作逻辑，而是使用更为丰富也更为简短的碎片化画面，同时融入动漫、动态效果图等各种新颖的画面形式，将抽象严肃的时政主题生动化、立体化，强化了时政新闻的表现力与交互性，弥补了普通民众无法抵达政务活动现场，或政务活动现场影像资料单调乏味的缺陷，拉近与用户的距离。

在声音的运用表达上，最明显的特点即越来越多的自媒体摒弃传统的电视解说词，更多地采用同期声配合画面的表达形式。主播解说的语气也更加诙谐有趣，语速不再一成不变，节奏可快也可慢，音效则愈发偏向于网络化和娱乐化，甚至出现洗脑的"魔性"音效。比如在 2020 年抗疫初期，名为"蜘蛛猴面包"的 vlog 博主从 1 月 23 日开始，分别针对志愿者、宠物救助、酒店援助、社区服务、公共空间、医院、雷神山医院 7 个关注对象进行探访记录；科技博主"回形针"创作的精致短视频《关于新冠肺炎的一切》在春节期间屡屡刷屏，创造了 2 天内全网播放量超过 1 亿的高数据。人民网发起"人民战'疫'短视频征集"活动，中国教育电视台则发起《战"疫"24 小时》素材征集活动，湖北卫视联合腾讯视频发布系列微视频《非常手记》，还有深圳卫视推出系列 vlog《我的白大褂·抗疫日记》，上海文化广播影视集团有限公司（SMG）策划全网征集抗疫短视频《我的战疫心声》等活动，呼唤全民用丰富多样的记录方式，反映四面八方的抗疫情况。①

4. 解构传统新闻体裁，场景化倾向明显

根据传播学中的使用与满足理论，短视频正是以较短的时长、便捷式的获取方式，让用户拥有了更好的视频阅读体验感受，满足了用户碎片化阅读的需求，其市场才得以不断增长。有人以 B 站"观察者网"生产的短视频新闻产品为研究对象，发现"观察者网"88.5%的短视频新闻时长在

---

① 吴炜华，张守信. 在地化重构与可持续前瞻：中国短视频的文化实践与创新发展［J］. 青年记者，2020（30）：9-11.

3 分钟以内，5.6%时长为 3~5 分钟，认为这是针对用户碎片化消费习惯的调适，也是对注意力经济时代激烈的用户资源竞争的妥协。①

时间的限制一方面迫使短视频新闻更多着眼于最新鲜的事实，优先展示最重要的内容，解构了以人物专访、深度报道等为主要特色的传统新闻体裁，专访、评论、深度报道都通过碎片化形式转化为消息。另一方面，在这种报道事实单一的消息体裁中，视频内容往往场景化；短视频新闻作为碎片化时代的一种生产模式，叙事特征逐渐呈现出开放性特征，并更注重单一场景的空间叙事。

二、时政类短视频的类型划分

时政类短视频虽然是以时政内容为主题的，但不同属性的平台、不同理念的栏目所制作的新闻产品也会存在差异，时政类短视频的内容仍然较为庞杂，划分标准不一。此处对时政类短视频的亚类型分析，主要按照时政类短视频的内容题材和表现形式这两个方面来进行。

1. 按照时政类短视频的内容题材来划分

从目前的报道实践来看，时政类短视频主要分成两类：动态新闻短视频和主题作品短视频，其中时政类动态新闻视频占据了当前时政报道的主流。主要有主流媒体制作播出的简单短小的新闻视频短片和"第一直播"类短视频（适用于大型会议或者活动现场，主要设备为手机、DV 等）。媒体人通常会在重大时政活动进行的当天制作并发稿，以画面叙事，辅以大量的同期声，同时注重纪实感，把镜头对准时政活动现场的鲜活故事、生动细节等。

与动态新闻短视频相比，主题作品短视频只占较少一部分。不同于动态新闻短视频追求时效，主题作品更注重前期策划和推送的时间节点，以制造话题，产生更强的传播力。

2020 年全国两会顺利开幕之际，《习声回响》专栏作为中国央广网新

---

① 田甜. 时政类短视频新闻生产研究：以"观察者网"为例 [J]. 新媒体研究，2020 (8)：20-23.

闻融合新媒体旗下的一个时政专栏，推出了极具创意互动性的新闻短视频《习声回响：村民都盖新房了吗？听听总书记"下团组"惦念的那些事儿》。该视频采用平民化视角，选取习近平总书记历年在全国两会期间"下团组"与人民代表大会代表亲切交流时的 5 段原声视频，用一段段平实质朴的对话，从大力发展农村特色产业和脱贫致富、保护好家乡绿水青山、筑牢中华传统优秀文化的大自信、关怀"小乡村"里的"大民生"、坚守政治理想和发展实业的 5 个角度进行专题报道，自然反映习近平总书记为民服务的情怀。

2. **按照时政类短视频的展现形式来划分**

电视时政报道习惯使用新闻通稿配画面的做法，遵守严格的镜头规则，往往给人"重要而不好看""严肃而不活泼""板着面孔说教"等印象，长辈式的姿态往往给人以疏离感。时政类短视频则力避此类情况，采用更为丰富多样的展现形式。主要包括短篇新闻、故事片、纪录片、漫画、可视化和其他许多形式。尤其在可视化的应用上，vlog、动画、说唱、音乐等多元手段将时政主题变得更加生动。

2019 年全国两会期间，新华社推出 3 分钟融媒创意动画短片《"萌"娴代表记——全国人大代表赵会杰和小庙子村的新故事》。视频采用一镜到底式的拍摄手法，将自拍形式与 3D 视频无缝衔接，通过赵会杰的第一视角，在小庙子村实景与 3D 虚拟动画之间进行虚实切换，再配合大量的同期声，让用户沉浸在不同场景下乡村变化的观感之中。短短 4 天时间，全网总流量突破了 2 亿。①

第三节　时政类短视频的策划与制作

传统电视新闻报道的策划往往包括选题、采访、嘉宾和节目形式等方

---

① 曹晚红，武梦瑶. 重构生产模式：融媒时代时政报道创新路径探析：以 2019 年两会报道为例［J］. 中国新闻传播研究，2019（2）：79-88.

面的筹划与准备，而时政类短视频的策划则需要强化其微内容、符号载体和立体宣发等方面。

一、要用"微内容"打造时政新产品

在信息超载、视频过载的时代，"内容为王"仍是打造"爆款"产品的第一要义。对时政类短视频来说，报道和阐释重大政治事件、全局性的国家方针政策，既要保留其应有的时效性、重要性，也要提升其趣味性、吸引力；既要做到意义上的深度挖掘，也要做到内容上的横向整合。从纵深和时空两个思路来拓展，才能够打造深受用户喜爱的产品。

1. 要以"微视角"透视大主题

短视频"短"的特点倒逼视频制作者改变原先的模式化报道方式，站在用户的角度简化叙事。传统电视时政新闻照搬文件上的政治词汇，生硬的解读和模式化的流程既没有将政治信息很好地传达给大众，也没有厘清媒体自身与政府间的关系，反而于无形中摆出了高高在上的宣传姿态。时政类短视频作为新型的新闻产品，逐渐转换视角，不只将聚光灯投射在领导人物或民间知名人士身上，还将镜头对准普通百姓，用平民化视角、故事化叙事方式以小见大，讲述中国情怀，传递了宏伟的中国梦想。① 用微视角来透视大主题，进一步防止"大"而"空"的现象。

对于会议类事件，创作时政类短视频不应该照本宣科，而应该在"用户"理念的基础上，凭借平民视角、近民内容和亲民姿态，让传播内容和传播方式适应新媒体平台上用户的阅读习惯。2019 年全国两会期间，"看看新闻 Knews"注重抓取两会现场的生动细节和鲜活实况，打造"两会vlog"短视频特色专栏。其中的短视频《原来全国两会有那么多"同传"：看看他们怎么工作》，聚焦身着各色民族传统服饰、正在同声传译政府工作报告的工作人员，以民族服饰的小切口，体现全国两会民主、团结、开放的大主题，折射出《政府工作报告》正以各国语言、各民族语言向海内

① 赵琳. 重大题材时政微视频的发展与创新：以三大主流媒体为例 [J]. 视听，2021
(1)：124-126.

外发布的深层含义。

从群众的角度出发传达群众关心的会议内容，解读有关政策方针、决策部署会对国家和民众产生什么样的影响。共青团中央在 B 站发布的有关叙利亚问题的时政类短视频，曾出现一个对准叙利亚儿童的特写镜头，用第一人称的视角带领用户目睹叙利亚儿童的生活，感受叙利亚儿童的困苦。一系列直击人心的画面和生活化的场景，使用户感到仿佛身临事件现场的紧张与痛苦，触发用户的真实情感。将故事人物化、人物细节化是媒体拉近与用户距离的有效方式。从严肃生硬的说教转向亲切自然的表达，用平民化的视角传递价值，打造平等交流之感，是共青团中央在 B 站广受好评的关键。

2. 要以"故事化"提升趣味性

时政类短视频坚持专业性与权威性能够增加用户黏性，增加用户黏性的前提是吸引用户注意力，而融合回访纪实和故事元素的表达方式能够有效激发用户的观看欲望。许多优秀作品会结合地方特色和主题特点进行有针对性的专业化制作。央视"V 观"系列之《习近平眼中的科技创新》大量运用科技元素及可视化手段反映我国现在对科技创新的重视程度，以及习近平总书记对当前科研创新的实质性建议，集中展示我国科技前沿力量。《领袖的牵挂与嘱托——习近平总书记千里陇原行》《峥嵘岁月永不褪色》等作品，除了保留专业权威的新闻要素，还借鉴了纪录片的纪实特色，做到了内容创作上的创新。

3. 要以平民化软化"硬新闻"

能够吸引大众的故事鲜有阳春白雪，提高趣味性的首要前提是改变语言风格。软化"硬新闻"，将时政类短视频语态向公众语态靠拢，需要站在用户的角度，用更加平实质朴的话语呈现新闻，将"官话官说"变为"官话民说"。"V 观"系列在语言上做出了巨大突破，无论是标题还是正文的阐述，都在一定程度上摆脱了"官话"，用更生活化、个性化的口吻跟公众"对话"。如在短视频中习近平总书记和游客的简单对话，能够瞬间将习近平总书记与群众的距离拉近，展现了国家领导人亲切朴实的形象。

4. 要以"政能量"承载"正能量"

在传统媒体时代，报纸、电视始终具有强有力的话语主导权，在新媒体环境中其权威性虽然受到各种声音的冲击，却越发凸显"国家队"向社会传播主流价值观念的必要性。主流媒体的新媒体平台是发布、宣传国家政策的重要窗口。向大众传递主流文化，奏响舆论的最强音，需要媒体具备一定的政治思维。把握住"政能量"，才能及时有效地传播"正能量"。时政类短视频应紧密结合当前时政信息，熟悉舆论走向，在纷繁的信息流中站稳脚跟，坚持当前的主流价值观，整合多个信息来源，强化信息渠道整合，以移动媒介为主要目标，形成对主流价值观念和"优势意见"的放大，传递时政类短视频的"政能量"。在重大新闻事件中，时政微视频可以确保主流媒体在适当的渠道中快速发声，形成有效的舆论引导，将时政微视频的"政能量"转化为主流声音的载体。①

二、要用多符号元素丰富时政传播形式②

信息爆炸、信息超载已成为不争的现实。如何在难以计数的信息海洋中脱颖而出？除了专注于内容的质量以外，更应该注重新闻产品对用户的黏合度，考虑什么样的叙事策略能够最大限度地引起用户共鸣。在确保新闻真实性的前提下，如何能够让严肃、权威的新闻内容变得生动、活泼起来并黏住用户？如何坚持新闻的客观性要求，在进行剪辑制作时注意度的把握，确保新闻内容不会产生歧义，不会让观众产生不恰当的认知与行为反应？这需要策划人员重视，并拿出实实在在的可行方案。本书将形式元素上的策划要点概括为"四个注意"。

1. 要注意画面节奏的把握

第一，镜头长度要适中。以央视网报道"习主席将对希腊进行国事访问并赴巴西出席金砖国家领导人第十一次会晤"的新闻片段为例，有学者观察发现该新闻中平均一个镜头时长是 7 秒 03，最长的一个镜头是 27 秒

---

① 卞祥彬. 媒介环境变迁下时政微视频的传播策略 [J]. 当代电视，2019 (1)：77-79.
② 张心侃，车沛强. 时政新闻剪辑叙事策略初探：以"央视网"微视频为例 [J]. 记者摇篮，2020 (9)：5-6.

09。北京电影学院原院长张会军教授研究表明：用户的视觉注意力是相当有限的，当画面镜头播放至 3~5 秒时，用户的注意力就会开始发生转移，对视频的关注度下降。新闻短视频《"2""5""7"习主席巴西之行的三个"密码"》（以下简称"巴西之行"）总共时长为 1 分 48 秒，其中全字幕镜头一共 109 个，非全字幕镜头 86 个，每个镜头的平均长度仅 1 秒 02，即便是最长的镜头也只有 2 秒 15。而在时长 1 分 22 秒的新闻短视频《80 秒看习主席 2019 希腊之行》（以下简称"希腊之行"）中，总共有 73 个镜头，最短的镜头长度只有 10 帧，大约 0.4 秒，这种长度的镜头只会给用户留下视觉印象。纵观全片，平均镜头长度仅为 1 秒 05。一方面，镜头与镜头间较快的转换速度可以摆脱以往传统电视"一镜到底"所带来的拖沓感，在有限的时间内以密集而又快速的方式，给用户提供更多的视频信息，满足用户在碎片化时间内接收主要信息的需求；另一方面，在视频的背景音乐与画面的搭配之下，用户既能够获得感官享受，又得以把握新闻的核心内容。

第二，画面内容跳接要有度。跳接，一般又称为"跳切"或"跳剪"，主要创作方法是利用前后两个镜头对应的景别、位置、方向、动静情节变化等各个方面巨大的视觉反差和强烈对比，来直接形成明显的段落情节间隔。媒体既能按照事件发生的特定时间和主线、事件的前后发展及逻辑等确定顺序，完成对碎片化信息的二次整合加工、排序处理，以内容的碎片化整合，保持整个故事的自然完整性；又能打破段落间本应遵循的故事时空与肢体动作的自然连贯性，利用音乐使画面相互衔接，从而在整体上自然形成强烈的故事节奏感。如"巴西之行"与"希腊之行"就没有遵循时空的逻辑特性，在画面的选择上只留下了必要的内容而省略了时空过程，最终在能够保证新闻内容真实性的同时，增强其故事性。无论是哪种剪辑手法，都需要使短视频的剪辑呈现流畅和谐的美感，才能让更多的用户在"短、精、快"的短视频中及时获取有用的信息资料，加深对视频内容的记忆和理解，增强与媒体的情感共鸣，进而提升报道本身的感染力与传播力。

第三，镜头间的转场。传统电视栏目在报道时政新闻时，多采用无技巧转场的方式进行镜头间的组接，镜头与镜头之间很少使用特技或动画来衔接转场。而"巴西之行"与"希腊之行"两个短视频，共使用了 14 次特效转场、30 次动画转场、11 次黑白闪。运用特效转场与动画转场而带来的效果客观上缓和了整部短片的节奏。而利用黑白闪对人眼的强烈视觉刺激，则可以加强画面节奏感，渲染场景气氛。

2. 要注意声音的取舍

在进行内容生产和产品策划时需要站在用户的立场上，启动共情能力，运用情感传播策略达到"以情动人"，进而重塑舆论引导力。具体可以从音乐、同期声两个方面展开讨论。

第一，音乐的使用。影视声音通常被视为影视媒介中的基本元素之一，主要有语言、音乐、音响三大类。传统的视频新闻一般由节目主持人现场讲述，后期加上同期声配合现场画面，强调视频新闻的真实性与现场感。音乐通常出现在新闻栏目的开头或结尾，而很少会出现在视频新闻的中间部分。即使偶尔在视频新闻中间部分出现，也多选用严肃风格的音乐，以烘托庄严的现场气氛。但是为适应用户的碎片化与场景化收视需求，短视频新闻相较于传统的视频新闻更多地选用柔和欢快的轻音乐，以烘托现场的气氛，增强画面的视觉感染力，提升用户的在场感。据统计，在央视于 2019 年发布的"V 观"系列短视频中，仅有配音的短视频共有 17 条，音乐加现场原声构成背景音的有 89 条，这两种声效的微视频阅读量在 60 万到 180 万。将《新闻联播》剪辑而成的解说式短视频和原声短视频分别为 22 条和 155 条，其播放量在 10 万到 90 万。显然与主播字正腔圆的"播音腔"相比，音乐的力量更能触动心灵，撼动人心。

第二，同期声的使用。声画对位指的是画面形象和声音分别表达内容，二者按照各自的标准制作，又各自以其特有的语言从不同的方面反映同一主题的技法。在"巴西之行"与"希腊之行"的短视频中，共有三处播放了习主席的讲话，均采用声画对位的视频剪辑方式和表现手法，一边充分说明习主席访问希腊、巴西的主要政治意义和活动目的，一边向大家充分表达了我国愿同其他国家继续展开全面战略合作的热切愿望，也表现了与各国携手克服一切困难的信心。视频内容在语言上循序渐进，由浅入深，声音与画面有机结合，既传达了极为丰富的信息，又给予了用户一定的想象空间，让短短的 108 秒的视频具有容纳了整个新闻事件的巨大信息量。在该视频中，巧妙的剪辑策略使得这三处同期声很好地起到了分割段落的作用，使新闻段落层次分明。

3. 要注意字幕的使用

对时政类短视频而言，字幕作为重要的传播符号有其不可取代的作用。时政类短视频新闻减少了传统电视新闻的画外音或解说，视频内容的重点往往是通过字幕传达给用户的，当用户不方便听取声音时，画面加字幕的形式仍然能使用户获取主要信息，了解新闻事实。在传统新闻中，字幕一般具有信息引导和新闻解读的作用。任何关键性新闻报道的主要内容、采访者所讲的话，都需要在画面中以文字的形式中规中矩地打在屏幕上。"巴西之行"与"希腊之行"两个短视频，没有了播音员的详细解说，解说词全部以字幕的形式呈现，为用户提供最基本的新闻背景。字幕以各种大小不等的字体和入画方式呈现，使要表达的主题鲜明突出、内容清晰明了。巧妙使用字幕效果，使时政短视频的感染力随之增强。

4. 要注意可视化手段

时政新闻短视频要做到尽量叙事短小、直切主题，尝试运用 vlog、flash、AR 动画等新形式丰富表现形式，用立体直观的方式向用户传递信息，确保内容有用、富有趣味性，同时又具有一定的品位。

近两年"vlog+时政新闻"的形式深受用户青睐。2019 年全国两会的报道开启了 vlog 试水时政新闻的探索；2019 年 11 月 9 日，央视新闻发布了康辉的第一则 vlog，迅速登上微博热搜，随后接连更新 6 则 vlog，多方位呈现了"大国外交最前线"的场景；2019 年 12 月 20 日，在澳门回归祖国 20 周年之际，央视新闻播出并发布了一篇特别报道《时政 vlog：和习主席同上一堂课是怎样的体验》。严肃的时政新闻与新兴的短视频形式 vlog 相碰撞，新闻视频化传播焕发出时尚的年轻态。

三、要立体宣发，建立多媒体矩阵

融媒体时代，时政类短视频不但需要在内容和形式上有所变化，而且需要在传播渠道方面不断创新融合，具备明确的聚合意识和交互意识。高效利用新型媒介，才能使高质量的内容准确及时地抵达用户。

聚合意识指的不仅仅是内容、技术及人员等方面的融合，还是时政新闻短视频生产运营机制和新闻传播方式在各渠道之间的深度融合。曼纽尔·卡斯特在其《认同的力量》一书中提出，信息网络技术的革命已催生出一种新的网络经济社会模式，即走向现代化的网络社会。他认为移动网络社会既是一种新的社会形态，也是一种新的社会模式。而根植于信息技术的网络，已经逐渐发展成为一种符合现代人类社会的信息技术应用范式，它使社会再一次结构化，改变着我们社会的形态①。同样，当今的新闻传播环境也呈现出网络化和社区化的发展趋势，在这样的背景下，媒体应当聚合多平台优势，打造立体化的生产机制，促进不同平台之间的互补，达到"1+1>2"的传播效果。

同时，时政新闻制作者的交互意识也不可或缺。长期以来，时政新闻往往给人正式严肃的刻板印象，在交互性上有所欠缺：点击量很高，但评论量较低，讨论热度与点击量不成正比，传播效果差强人意。因此，在宣发过程中，时政类短视频制作者应该洞悉用户心理，结合新媒体平台的传播特性，提升内容的交互性，增强用户的参与感，扩大产品的热度，进而提升时政新闻的传播效果。

为了充分顺应当前移动互联网时代的分众化、差异性传播趋势，时政类短视频策划不仅要从新闻生产上提供优质的内容，还要适应不同平台的分发需求，实现多端覆盖、多频共振，让时政报道融入全媒体格局，通过立体式的新媒体矩阵，构建功能互补的立体式传播格局，实现内容和传播效力最大化。时政短视频的策划可以结合自身优势，从以下两方面入手。

一方面，将自主开发平台作为传播的主"战场"。有学者认为，传统媒体发展面临的最大挑战之一就是"渠道失灵"，内容和产品必须嵌入与

---

① 卡斯特. 认同的力量 [M]. 夏铸九，黄丽玲，等译. 北京：社会科学文献出版社，2003：2.

社会联系的渠道中，以此才能打通社会传播的"最后一公里"。① 以央视"V 观"系列为例，其主要传播渠道集中在央视新闻客户端和央视新闻 PC端上。其中 PC 端根据重大时政话题分为"V 观聚焦""国内考察""习主席出访""改革开放 40 周年""主场外交""纪念马克思诞辰 200 周年""新年讲话""两会"八大板块内容，共有 45 个短视频作品，页面布局清晰，专题性较强。央视新闻客户端则实现了实时更新，不断推出紧跟时政热点的微视频作品。

另一方面，移动社交媒体时代，"三微一端"等各类社交和信息平台层出不穷，大部分用户注意力资源已被微信、微博、微视频、抖音等一些头部互联网平台抢夺，而不同的用户也有着各自偏爱的信息获取渠道。因此，应在全网多平台分享发稿，实现"两微一端一抖"的"立体化"传播。

作为主流媒体栏目的权威代表，《主播说联播》正是《新闻联播》在应对媒体发展环境变化、积极自我革新的一次成功之举。自《新闻联播》开通官方微信公众号之后，《主播说联播》和《联播划重点》成为其固定栏目，随之，抖音、快手等短视频 App 上均开设了官方账号。这些栏目的短视频收集素材从用户思维出发，在《新闻联播》基础上进行二次编辑，用互联网化的改编使栏目让人耳目一新。此外，《新闻联播》借与用户基础庞大的平台合作，扩大传播途径，电视、微博、报纸、短视频等大小屏联动，共同构建了《新闻联播》的新媒体平台传播矩阵，目标用户囊括了不同年龄层级，形成了全民关注、全网热议的传播局面。更有年轻用户在弹幕视频网站上积极剪辑活泼有趣的创意视频，对《新闻联播》相关内容进行二次传播。无疑，《新闻联播》的全方位传播矩阵大大提升了其传播效果和社会效益。

---

① 喻国明，弋利佳，梁霄. 破解"渠道失灵"的传媒困局："关系法则"详解：兼论传统媒体转型的路径与关键 [J]. 现代传播，2015（11）：1-4.

第二章

资讯类短视频

◉ 案例2.1 "我们视频":《小伙用瓜子壳摆出孙悟空、刘德华 网友:嗑瓜子的最高境界》

《新京报》"我们视频"于2016年9月上线,由《新京报》和腾讯联合打造,是较早探寻新闻视频化之路的媒体,创立之初便提出了"只做新闻,不做其他"的宗旨。《新京报》"我们视频"旗下设有"暖新闻""世面""有料""动新闻"等诸多板块。

《小伙用瓜子壳摆出孙悟空、刘德华 网友:嗑瓜子的最高境界》

《小伙用瓜子壳摆出孙悟空、刘德华 网友:嗑瓜子的最高境界》是《新京报》"我们视频"App《有料》栏目于2021年2月24日所发布的一则短视频。视频中,湖南衡阳小伙胡先生用瓜子壳摆成画的视频走红网络,令网友忍不住称赞"有创意""嗑瓜子的最高境界"。该板块内容丰富有趣,且多是网友自主投稿。

◉ 案例2.2 "一条":《生活家》

"一条"创办于2014年,创办人为《外滩画报》原总编徐沪生。"一条"主打生活类资讯短视频,具体包括生活(美食、酒店、汽车、小店美物等)、潮流(时尚、美容)、文艺(建筑、摄影、艺术)等,花样繁多的种类统一于"品位""小资"的整体调性之中,通过深入的挖掘和细腻的表现力给用户带来美的艺术享受。

《生活家》是"一条"账号在抖音平台的系列内容之一,该系列截至本文撰写时更新至15集,共计2亿播放量。其中《扬州高管夫妻40岁退休,在郊区建3 000平(方)米花园》作为该系列的第八集获得该系列的最高点赞量——89.5万。在内容呈现上，短视频通过讲述这一"飞猫香舍"花园建设的初衷及过程，让用户知晓这一"巧夺天工"的花园背后的创作故事。短视频画面节奏简单明快，优美恬静，为用户充分展现生活之美，传递园林艺术之美。

◉ **案例2.3 梨视频：《中国新疆，岁月安好》**

梨视频成立于2016年11月3日，是上海新梨视网络科技有限公司旗下的资讯短视频平台。其主创团队由澎湃新闻原CEO邱兵、澎湃新闻原主编李鑫与澎湃人物原主编卢雁等组成。梨视频1.0定位是"独家时政类视听新闻"，着力于各类社会资讯的传播，内容覆盖面广。2017年改版之后的梨视频2.0定位是"做最好看的资讯类短视频"。

《扬州高管夫妻40岁退休，在郊区建3 000平（方）米花园》

《中国新疆，岁月安好》是梨视频App的《旅行》栏目于2021年2月24日所发布的一则短视频，主人公是胡尔西代姆·阿不力克木，大三学生，也是一名热心介绍新疆风物的网红，以个人化视角为用户展示了新疆美景、新疆美食、丰富多元的民俗文化和新疆人的纯朴与善良，画面精美，节奏明快。

《中国新疆，岁月安好》

各类短视频中，资讯类短视频的发展势头日益强劲。各大门户网站的新闻客户端、资讯聚合类App，以及主流媒体都先后投入重金打造资讯类短视频，促使该类型短视频日渐成为热门的信息内容产品。创新类短视频平台如"看看新闻Knews",垂直类资讯短视频平台如"一条",泛资讯短视频平台如梨视频等诸多平台的实践证明,正向价值的资讯短视频也能产生巨大流量。

第一节　资讯类短视频的概念

在确定资讯类短视频范畴时,鉴于媒体行业及大众对"新闻"和"资讯"并没有严格区分并且经常联用这一事实,界定何为资讯类短视频需要注意以下两个概念的区别与联系:一是新闻的概念;二是资讯的概念。

一、资讯类短视频的概念[①]

1. 新闻的定义

根据学者的最新考证,"新闻"一词始见于宋明帝泰始四年至宋后废帝元徽四年间(468—476)朱昭之撰写的《难顾道士夷夏论》一文,联系南朝佛教兴起的背景,此处的"新闻"应作"新知识"之解更为恰当。后来随着现代新闻事业的诞生,原先所谓"新知识"的含义则不断演化,产生了与现代大众传媒事业相适的新闻概念。

这些概念从不同的侧面强调了"新闻"的不同特征,概而言之,大致有三类。第一类定义强调新闻是一种报道或传播活动,行为主体以新闻机构为主,也可以是其他机构或个人。例如,"新闻是已经发生和正在发生的事情的报道"(卡斯柏·约斯特),"新闻是新近发生的事实的报道"(陆定一)。第二类定义强调新闻的"事实"特征,把新闻看作一种事实、现象,认为新闻即事实、现象本身。例如,"新闻者,乃多数阅者所注意之事实也"(徐宝璜),"新闻就是广大群众欲知,应知而未知的重要事实"(范长江)。第三类定义是随着西方社会的信息理论传到我国而出现的"信息说"。例如,"新闻是向公众传播新近事实的信息"(宁树藩),"新

[①]　本节部分内容参照张健所著《视听节目类型解析》,复旦大学出版社2018年版。

闻是及时公开传播的非指令性信息"（项德生）。

此外，还有一些经常为人们所引证，从新闻内容的趣味性、反常性等角度来说明和解释新闻的定义，例如，"狗咬人不是新闻，人咬狗才是新闻"（约翰·博加特），"新闻是一种令人尖叫的事情"（查尔斯·达纳），"新闻是三个 W，即女人、金钱和罪恶的记录"（斯坦利·瓦里克）。

进入网络与新媒体时代，新闻的内涵与外延再次发生变化。例如，早在 2009 年，赵振宇教授就指出："新闻是对新近发生或发现有价值事实及意义的信息传播。它通过报纸、广播、电视、互联网和新兴媒体，运用对事实过程的描述和对该事实性质判断、价值意义的评论让大众更深切地感受和领悟该事实。"①

这个定义概括了新媒体时代新闻业的信息采集、加工与传播所发生的巨大变化及其给人们带来的全新媒介体验和生活感受。也正是在这个层面上，"新闻是新近发生事实的报道"的经典概念可能已经无法尽述当下新闻生产的状况。在这里，新闻不仅包括对过往事实的回顾，更包括不同主体借由新媒体对正在发生的事件的要素进行采集、拼接与价值评判，这也就意味着"新闻"和"舆论"两个概念的交集日渐增大，于是有学者提出，所谓"新闻"即"新近信息的媒介互动，这是一个动态过程，是媒介和受众的联动，是舆论和社会事件的共振"②。

以上各类不同的定义出现在不同时代，特别是出现在媒介与社会之间的关系剧烈转型的时期，反映了人们试图根据社会与媒介特点把握新闻现象、新闻规律的努力。但是，对照这些定义，细心的人们也许会发现，部分实用性、服务性的内容似乎无法包含在这些定义之中，比如央视号称"新鲜资讯一小时，健康时尚每一天"的《第一时间》，号称"全球资讯榜，一榜知天下"的《全球资讯榜》，以及凤凰卫视资讯台的《时事辩论会》《零距离》《电视剧风云榜》《娱乐人物周刊》《生活提示》《星推荐》《华人世界》《中国电影报道》《体育界》等。换而言之，自 20 世纪 90 年代以来，

---

① 赵振宇．新闻及其时空观辨析 [J]．新闻与传播研究，2009（2）：32-33.
② 陈响园．"新闻是新近信息的媒介互动"：试论新媒体传播背景下"新闻"的定义 [J]．编辑之友，2013（11）：49.

实务界所实践的新闻节目类型已经远远超出单纯新闻定义所指向的内容，节目涉及的范围越来越广，大大超越了新闻的范畴，不仅有传统意义上的时政新闻，还包含财经、证券股票、影视娱乐、文化体育、日常生活服务等方面的内容。所以，在此基础上有必要探讨一下资讯的概念。

2. 资讯的概念

根据意指范围的不同，资讯（信息）可分成广义资讯、一般资讯、狭义资讯三大类：广义资讯是指所有对象在相互联系作用过程中呈现出来的各自的属性；一般资讯是指与人类的认识过程和传播活动相关的知识积累；狭义资讯则是指脱离载体或依附物质的内容。狭义资讯能够减少、降低或消除人们在认识事物过程中的不确定性，而所谓的不确定性或偶然性，是指现实生活中所出现的影响人们生存、发展等的多种变动。

从涵盖的范围而言，"资讯"与"新闻"有一定的重合之处，都包含新的情况、新的知识、新的内容，但"资讯"所包含的内容要更加广泛。例如，凤凰卫视董事局原主席刘长乐曾经解释，"凤凰卫视"全称为"凤凰卫视资讯台"，而不是"凤凰卫视新闻台"。他表示，有一些边缘的东西，不见得都归在新闻上。在定位资讯台的时候，也考虑加入一定的财经内容，比如外汇牌价、期货市场，这些都是资讯。所以"凤凰卫视"叫作资讯台。

有学者分析，从与新闻报道相结合的角度出发，资讯还具有其他特点，如共享性，资讯的共享性，使得资讯得以传播；扩缩性，资讯在传播过程中既可以压缩又可以扩展；组合性，两个及两个以上的资讯的有机组合，可以产生新的资讯；资讯运用的多角度性，从不同的侧面可以得到不同的认识，看到不同的色彩；相对性，对纷繁复杂的世界，人们通常只注意到一部分跟自己有关、对自己有利的资讯。这些特点要求新闻工作者了解、熟悉用户的需要，"尤其随着信息化时代的到来，受众细分为各种群体，小群体趋势日渐明晰，受众对信息的需求更趋多样"①。

---

① 李良荣. 新闻学概论［M］. 上海：复旦大学出版社，2001：39.

3. 资讯类短视频的定义

目前，学界对资讯类短视频的讨论多集中于传播特征、现状与前景等方面，而对资讯类短视频进行系统概念梳理与界定的则比较少。此处仅列举两例。一种观点强调，资讯类短视频是短视频的一个种类，有资讯功能，传播出去之后用户可以第一时间获取信息并加以利用；这种信息具有非常广泛的覆盖性，包含了新闻、供求、动态、技术、政策、评论、观点等各种有效信息。① 该观点注重资讯类短视频的内涵，强调了内容方面，但似乎忽略了短视频这一新型手段的媒介特征。另一种观点从"资讯短视频"与"短视频"的相关性与差异性出发，认为资讯类短视频即"资讯"与"短视频"的结合，是诸多短视频中垂直深耕于资讯方面的一种。作为内容垂直领域的一个分支，资讯类短视频既具有短视频的一般特点，同时在内容方面具有自身的独特性。②

本书认为，界定资讯类短视频的内涵与外延需要注意以下三点：

一是资讯的新闻性。如前文所述，资讯的不确定性指向社会现实生活中所出现的能够影响人们生存、发展等的多种变动。就用户而言，消除这种不确定性的方法之一是及时或即时获取各种实用性、新闻性资讯，让资讯在相对短的、可预期的时空内能够为自己带来价值、降低风险。因此，让用户看到与事态本身同步进行的报道、评论或分析就成为资讯类短视频的追求目标。从这个意义上而言，变动产生了新闻，变局创造了需求。

二是资讯的专业性。从内容角度进行划分的话，传统新闻定义之外的资讯节目可以分为财经资讯、生活服务资讯、娱乐资讯、体育资讯、军事资讯、教育资讯等，要求资讯类短视频承担起信息管家的重任，随时把各种资讯送到用户手上。这就要求资讯短视频所提供的信息具有实用性、即时性、贴近性、针对性等特点。不同于"美拍""秒拍"等操作简单的短视频应用，资讯类短视频的生产过程具有一定的专业性，包括专业知识、专业技能、专业的人才、专业的解读视角，这样才能符合用户观看视频、

① 倪向辉. 媒体融合背景下资讯类短视频的内容特征 [J]. 新闻传播，2020（20）：45-46.
② 钟丹敏. "5W 模式"下资讯类短视频传播特征研究：以"梨视频"为例 [D]. 武汉：华中师范大学，2018：9.

获取信息的需求。

三是资讯的社交性。短视频所具有的"关系赋权"促进了用户地位与作用的极大提升。在媒介融合交错的网络中，各个节点的重要性不取决于它们本身，而取决于其信息吸纳、处理及转换的能力。壁垒被打破，界限正在消融，所有的竞争者都被拉到一个平台上，不重视用户意见反馈，不与用户互动，不尊重多元价值主张的媒体势必被淘汰。

综合以上分析，资讯类短视频与时政类短视频既有共同之处，即需要强调新闻定义中的时效性，同时又具有明显的区别。资讯类短视频着眼于一般民众的资讯需求，立足大安全、大健康、大消费、大人际等与百姓生活相关的领域，突出互动、快捷、服务、实用、平等对话等特点；时政类短视频则着眼于国计民生，强调新闻内容题材之重大、参与者政治身份之重要、信息传播的社会影响之广泛。

综上，本书将"资讯类短视频"定义为：时长通常在 5 分钟以内，以新型技术为传播手段，以声音、画面为主要视听符号，对新近发生或正在发生、发现的有价值的资讯及意义进行传播的短视频类型。

二、资讯类短视频的演进简史

资讯类短视频并非本土产物，而是源于国外的社交网站，如 Viddy 等短视频平台。在发展过程中，短视频不仅包含一些生活记录类内容，还越来越多地被运用于新闻报道之中，辅助文字内容传播新闻信息。传统媒体也涉猎短视频领域，如 BBC 于 2014 年推出"Instafax"，用以制作 15 秒的资讯短视频产品；当今，Now This News 和 Newsy 等移动短视频平台也逐渐兴起，并且专攻资讯短视频领域。

国内信息资讯短视频的发展则是在新老媒体交融的背景下，传统媒体为夺回用户注意力大胆尝试与探索的结果。国内信息资讯短视频引起公众注意是在 2016 年全国两会期间。作为许多媒体报道新闻的"新神器"，它随后成为撬动短视频行业和新闻产业的重要"杠杆"。不少先觉者敏锐地意识到短视频风口的出现，将越来越多的资源专注于资讯短视频这一垂直领域，而传统主流媒体也闻风而动，纷纷加入该行业，投入重金打造集团专属的资讯短视频平台。例如，2016 年 10 月《新京报》与腾讯联手推出了"我们视频"，《南方周末》携手上海灿星文化传媒成立"南瓜视业"等。①

资讯类短视频的国内演进简史大约可分为以下四个区隔较为鲜明的时期。

酝酿期（2011—2012）。2011 年 3 月，"快手"作为制作并分享 GIF 图片的专业型工具应用在互联网上迅速传播开来，并于 2012 年 11 月正式转型为短视频平台。这其实是短视频平台在国内的雏形，这个时期是资讯类短视频的酝酿期。

积累期（2013—2015）。这一时期，网络速度有了质的飞跃，4G 网络逐渐普及，以艺人为主体的意见领袖纷纷入驻短视频平台，以相关娱乐内容吸引用户的关注。秒拍、美拍、小咖秀等移动短视频 App 相继上线，腾讯也投下重金打造微视，联合微博、微信等应用延伸传播触角。传统新闻媒体也积极追赶移动互联网技术的步伐，如新华网络电视于 2014 年 11 月推出国内首个超短新闻视频客户端"15 秒"板块，引起许多主流媒体效仿。短视频用户量迅速增加至千万级，初具市场规模。

但这个阶段也有明显的局限：一是各市场主体的资金投入有限；二是各市场主体制作或发布短视频的技术水平有限，图文模式在新闻报道中仍处于主流地位；三是用户群与市场规模虽快速扩张，但仍处于积累阶段。

成长期（2016—2017）。2016 年被称为"短视频元年"。这一年，5G 网络备受瞩目，智能手机及 Wi-Fi 等移动通信技术迭代迅速，短视频综合平台、聚合平台如雨后春笋一般涌现，快手、抖音等头部公司迅速占据短视频行业的半壁江山。据统计，截至 2016 年 3 月，中国短视频市场活跃用户规模较 2015 年同期增长 66.6%，达 3 119 万人。诸如 Papi 酱短视频等原创型内容脱颖而出，财经类、体育类、生活类等不同领域的资讯短视频关注量也直线上升，成为众多用户打发零碎时间的首选。《新京报》"我

---

① 钟丹敏．"5W 模式"下资讯类短视频传播特征研究：以"梨视频"为例［D］．武汉：华中师范大学，2018：9.

们视频""澎湃新闻"等资讯类短视频 App 在 2016 年下半年陆续被推出,在不同领域抢夺用户市场。原以发布中长视频为主的土豆网在 2017 年获得来自阿里巴巴文娱集团的 20 亿元投资,推动加速开发"大鱼计划"。资讯短视频领域受到学界关注,"我们视频""澎湃新闻"等受到追捧,其中 2017 年 10 月,《新京报》"我们视频"获中国新闻史学会应用新闻传播学研究会"2017 中国应用新闻传播十大创新案例"称号。

爆发期(2018 年至今)。自 2018 年以来,短视频市场开始摆脱原始积累期的粗放型生产模式,越来越多的传统机构媒体转战资讯短视频战场,主打新闻资讯的短视频平台急速增长,为广大用户获取各垂直领域的资讯内容提供了多元化的途径,视频制作水准也迅速提升。同时,短视频平台、短视频自媒体取材也不限于国内资讯内容,主打国际资讯的专业媒体也不断涌现,例如"梨视频"的"时差视频"、"我们视频"旗下的"世面"等,都是专注生产国际资讯短视频产品的平台。"时差视频"声称要做"最好看的全球资讯";"世面"则既密切跟踪国际风云变幻,又着眼各种有趣新鲜事儿,声称"热点突发我们不缺席,华人故事有我们的声音,致力于做有趣有料又有态度的国际新闻"。

第二节　资讯类短视频的类型特征

一、资讯类短视频的类型特征

传播者属性的差异带来内容与功能设计上的不同,即便是相同的内容在不同的平台上发布,传播过程也会有一定的区别。本书根据传播者属性的划分,分别介绍其主要的类型特征。

1. 传统媒体官方账号:传统的内容制作+联合强力的分发渠道

在移动短视频井喷式爆发的势能下,一批传统媒体选择顺应新媒体潮流,借短视频之势开通资讯短视频业务,充分借助短视频和直播的风口进行内容转型。《新京报》积极响应媒体转型,推出"我们视频",收获一批用户的关注。《新京报》社长在"视界智变创见未来：2017 移动视频峰会"上发表《站上视频风口，传统媒体的突破与探索》主题演讲，提出"视频是新闻的终极表达，这是传统媒体转型的最后机会"，直接表明了传统媒体对短视频的态度。

《新京报》作为知名的传统纸媒之一，面对新媒体、自媒体的竞争格局及时转型，一方面继续开发优质新闻内容的专业生产能力，另一方面主动与业界互联网巨头如腾讯新闻等合作。2015 年《新京报》组建了第一个"动新闻工作室"，以动画的形式推出适合移动端传播的动画新闻短视频产品，还原新闻现场，解说新闻故事，解读新闻背景。强强联合下，《新京报》"我们视频"于 2016 年 9 月上线，在短短一年的时间内生产了5 000 多条短视频，并在腾讯视频平台上创下 34 亿次点击量的"流量现象"。对于河北保定一名男孩掉进枯井里的新闻事件，"我们视频"连续进行了 70 多个小时的视频直播，生产了 22 条短视频，累计播放量超过6 000万。然而成功的背后除了新闻呈现方式的迭代更新以外，《新京报》的新闻流程并无实质变化，即传统的专业生产模式加新媒体平台分发。

2. 内容精致的垂直领域自媒体：精致内容+精准定位

这类短视频往往有较精美的视觉效果，在题材内容方面，把关更加严格，在影像的表达方面也是精益求精。在生活类短视频领域，"一条"视频作为精致的短视频代表，将自身定位为奢侈品与相应生活方式的倡导者，努力在时长极短的视频中传达具有强烈审美意味的生活观，在平凡的生活中打造独有的自在天地。在内容制作方面，"一条"视频通常围绕"生活、潮流、文艺"三个核心理念，倾向于拍摄时尚美食、茶道、摄影艺术等与日常生活息息相关的事物。拍摄风格与纪录片较为相似，从第一视角出发发掘事物中隐含的美学意味。与抖音、快手等平台不同的是："一条"视频在最初就拒绝走大众化路线，受过高等教育的中产阶级是其所针对的用户，通过精致的影视画面，深沉的主题立意，以及风格特色独树一帜的后期剪辑，在生活节奏不断加快的当下，希望与用户共同建构有快有慢、有品质、有想法的生活方式。①

传播学者麦奎尔认为，个体选择特定媒介、内容类型及媒介的使用模式，常常是在潜意识中与自己的身份建立联系。"一条"视频的用户因为相似的品位、兴趣或其他旨趣建立了跨越物理距离的弱连接，形成虚拟的同侪群体，呼应了卡斯特所言——互联网是"各种时态的混合而创造出的永恒空间"。其瞄准当下用户特征，借助移动社交媒体快速扩大用户规模。一方面打造自己的用户社群，另一方面用心提高用户体验，更进一步地延伸用户社群价值。② 精准的用户定位加上精致的内容即"一条"视频的成功之道。

3. 新闻资讯的平台：平民生产+专业把关+热点话题

这一类平台当属梨视频的发展最具代表性。梨视频产品定位是"有趣的资讯短视频"，内容包含民生新闻、生活趣事等多个领域。目前梨视频主要关注与人们生活密切相关的社会动态和热点事件，以传达社会资讯为主要内容，在吸引大众观看和分享的同时，也能够发挥社会监督的作用。梨视频之所以能够在成本可控的情况下完成独家的内容制作与传播，主要是依赖三个关键元素的有效组合：全球拍客（指以数码相机、手机、DV等设备为主要工具记录影像并乐于在互联网分享的人）网络、编辑团队和专业团队。内容生产模式在本质上是"UGC+PGC"，即将用户制作内容与专业制作内容相结合。

梨视频首先最大化地利用全球布局的拍客网络，让遍布各地的拍客负责收集新闻材料，其拍摄的视频成为梨视频的内容来源之一，随后由梨视频的专业制作人员核查，因而其短视频产品并非是拍客独立完成的。在前期的内容策划和中后期的视频录制剪辑与包装过程中，提供视频的拍客们会全程受到梨视频专业团队的指导，共同深入挖掘其中重要内容，当内容被认定为优质内容，即可获得相应的稿费。梨视频正是在拍客和专业视频制作团队互补的情况下，最终形成高效的内容生产模式。

---

① 谈馨. "一条"短视频的创作研究［D］. 长沙：湖南大学，2017.
② 胡正荣. 构建融合媒体产业的生态系统［N］. 人民日报，2015-11-15（5）.

学者卡斯特认为，新的信息技术范式富有极高的弹性，同时具有重构组织的能力。① 高速发展的移动设备和平台激发大众资讯的生产愿望，使短视频行业出现"人人皆为通讯社"的传播现状。梨视频平台在承接此种局面的同时，引入效率极高的分层治理，并合理利用个体间资源的丰富性和差异化，形成广泛的网络布局，催生高度组织化的拍客群体；同时通过提供组织支持，辅助拍客趋近专业化，使个体资源内化到网络创新的过程中，逐渐形成平台特有的内容生产逻辑和业余者共同体。②

二、资讯类短视频的类型划分

随着国内的技术和政策不断升级与完善，短视频行业市场被高度盘活，各类资讯短视频机构迅速展开差异性竞争，资讯类短视频彰显强大的发展潜力，同时也出现市场鱼龙混杂、内容纷繁复杂的状况。本书根据内容的题材和传播者的属性对资讯类短视频的亚类型做以下划分。

首先，按内容题材划分，资讯类短视频可划分为新闻类短视频和知识讲解类短视频。新闻资讯类短视频主要以制作和发布新闻信息为主。新闻资讯类短视频一改新闻内容的图文报道方式，使新闻的表达形式更加生动形象，以低门槛的信息获取方式提供高质量的内容，既延伸内容传播的触角，扩大了用户的覆盖面，又增强了用户黏性，使新闻资讯短视频成为许多传统媒体进行媒介转型的首选。例如，澎湃新闻中的短视频栏目、央视新闻的抖音号等。而知识讲解类短视频覆盖的门类则更加广泛，以各个领域的热点事件点评、知识科普、技能教学等内容为主，不局限于国内外新闻事件。例如，"一条"视频、"功夫财经""旅行者镜头"等应用发布的短视频。

其次，按传播者属性划分，可以分为三个类别。第一类是传统媒体出台的短视频项目，包括报纸和电视节目中的新媒体业务板块，如国外的纽约时报 Minute、Times Video，华盛顿邮报的 Post Video，国内的北京电

---

① 卡斯特. 传播力 [M]. 汤景泰，星辰，译. 北京：社会科学文献出版社，2018：33-43.
② 黄伟迪. 再组织化：新媒体内容的生产实践：以梨视频为例 [J]. 现代传播，2017（11）：117-121.

视台推出的"北京时间"、《新京报》的"我们视频"、上海广播电台的"看看新闻"、浙江日报报业集团的"浙视频"、《南方周末》的"南瓜视业"等。此类短视频是传统媒体机构为配合用户注意力转移,通过革新内容生产技术而推出的产品。这样的短视频产品提升了主流媒体的传播力。

第二类是在内容方向上逐渐垂直化,在用户定位上更加精准化的自媒体公众号,例如"一条"视频公众号,不仅不局限于单一的短视频平台,还在不同平台分享内容,以满足某个领域的市场需求。

第三类是专门生产短视频的新闻短视频应用,比如国内的梨视频、澎湃视频、界面"箭厂",美国的 Newsy 和 Now This 视频应用。此种应用作为专业的短视频生产制作平台,满足了各类用户观看和分享的需求。①

第三节　资讯类短视频的策划与制作

在短视频火爆传播的今天,资讯短视频如何在不计其数的内容产品中找到自己的用户并黏住用户?对于资讯类短视频从业者而言,这在本质上就是一场注意力的战争,即头部位置的战争。

一、资讯类短视频的策划要点分析

资讯类短视频的策划与传统媒体的新闻策划有相似之处,但由于信息承载平台的不同又与传统媒体的新闻策划存在诸多不同。

一方面,说它与传统新闻策划有相似之处,主要是因为基于新媒体环境之下的资讯类短视频策划本质并没有变。在短视频策划过程中,同样应根据选题定位、内容呈现等多环节来进行资讯类新闻的策划,这一信息资讯的策划过程及具体环节与之前传统媒体的新闻策划极为相似。通常选择具有代表性和价值的资讯事例来进行新闻策划,通过出众的新闻策划来满足用户后续的信息需求;通过开展系统的、规范的新闻策划活动来彰显资

---

① 张英培. 我国新闻资讯类短视频的布局、趋势与前景 [J]. 新闻世界,2020 (3):62-65.

讯类短视频平台的价值选择，塑造平台良好的品牌形象与声誉。

另一方面，说它与传统媒体新闻策划存在很大不同，主要是因为基于新媒体背景下的资讯类短视频的策划，更多依托于当前移动平台进行创新，并将信息资讯等呈现于小屏幕上，通过与用户互动等多种方式来提升资讯类短视频平台的影响力。更为重要的是，资讯类短视频策划应考虑UGC的力量并将其纳入策划过程，全面做好信息资讯资源的协调与整合。

具体而言，资讯类短视频策划的要点如下。

1. 选题定位策划

（1）选题策划的意义及依据

对于资讯类短视频而言，选题策划是尤为重要的一环，同时选题策划也是短视频内容生产的先行环节，在一定程度上影响了后续内容呈现、采访安排及内容推送等相关工作，是资讯类短视频策划的第一步。因而，为了保障资讯类短视频用户获得良好的观看体验，塑造平台的良好形象，在进行资讯报道之初，制作者应在符合社会效益前提之下思考要报道什么、从什么角度切入。① 在此基础之上，将选题策划作为重要环节，以更好的选题吸引用户点击，打造信息资讯短视频平台的良好口碑与优质品牌。

需要注意的是，资讯类短视频制作者在进行选题策划时，应当权衡好新闻价值与用户偏好二者的关系，能够以用户喜闻乐见的方式来凸显新闻要点，并选取合适的新闻做成短视频来呈现等。应结合短视频时代背景下用户的观看习惯，并综合考虑新闻事实的客观性、主体用户对信息资讯的需求等来做好资讯类短视频的策划工作，制作高质量、碎片化、逻辑严密的资讯类短视频，充分体现选题策划的重要性。

（2）突发事件成资讯类短视频策划首选

在资讯类短视频策划过程中，尤其应该做好针对突发事件报道的策划。突发资讯所需要的报道时效性最强，而在短视频时代，通过手机进行

---

① 李昊. 新闻资讯移动视频直播的策划研究：以腾讯、网易为例［D］. 石家庄：河北大学，2017：8.

拍摄与上传这种方式对专业技术的要求大大降低，其时效性之强是其他传播方式无可比拟的；短视频的形式能够进一步还原突发事件现场情形，使观众形成强烈的事件代入感；短视频的报道形式还能够为突发新闻提供足够的报道容量，迭代式短视频的产出有助于完善新闻事实。因而，在突发事件发生过程中，资讯类短视频平台内容生产者应制定科学而又规范的策划流程，并做好相关的报道预案。

（3）民生热点为资讯类短视频生产积累潜在用户

虽然突发事件是短视频策划的重要选题之一，但突发事件并非每天都有，因而，资讯类短视频平台要想获得更多的关注及体现更大的新闻价值，也应当选取民生热点类选题进行报道。实际上，此类可预测、有周期性的热点问题留给策划的发挥空间更大，相关工作人员可借鉴以往同类型的民生新闻优化策划，进一步将其与短视频平台的特点进行结合，在最短的时间内将内容进行呈现。

在此类选题策划过程中，资讯类短视频生产者应当积极进行合理的内容统筹，并对具有周期性特点的选题进行系列化、规模化策划，体现出每次信息资讯短视频策划的创新性。此外，对于一些发生在社交媒体平台并迅速引起关注的热点类民生新闻要保持高度新闻敏感性，以极强的执行力来结合新闻事件进行快速策划及后续的内容呈现；对于已经形成一定网络热度的事件，资讯类短视频制作者可以进行连续策划以紧跟事件发展的方方面面，通过短视频等形式为用户提供更为鲜活、及时的新闻现场影像。

（4）泛资讯选题拓宽资讯类短视频边界

资讯和新闻的区别在于资讯包括了新闻、供求、动态、技术、政策、评论、观点和学术的范畴，时效范围远广于传统意义上的新闻。因而，通过泛资讯类选题的策划与报道能够有效拓宽资讯类短视频的报道边界，发挥资讯的更大作用。需要注意的是，在泛资讯选题策划过程中，为了达到更好的策划效果，可依托 PGC 团队对选题进行垂直类资讯的策划与选取。当前，PGC 团队的力量不容小觑，资讯类短视频制作者应当与其达成良好合作机制，对于垂直专业类领域如股市财经、历史文化、美食烹饪、健身运动、旅游探险、汽车、家装、母婴等，也应当在 PGC 团队进行事前策划的基础上进一步开展二次编辑工作。由于此类泛资讯选题几乎不依托任何新闻事件，其所具备的新闻时效性较弱，因而在策划环节应当使短视频所呈现内容精细化，真正以信息资讯短视频的形式传播长尾内容，满足用户需求。

2. 内容呈现策划

国外研究团队获得的数据表明，通过搜索引擎获取的页面中，带有视频的页面被打开的概率比纯图文信息的页面高出大约41%。这一趋势显示了以短视频形式传递内容在当前互联网传播中的重要作用。而为了让更多用户真正愿意点开这类短视频来获得信息，短视频内容的良好策划显得尤为重要。

实际上，确定选题，对资讯类短视频的策划而言已经完成了一部分，但是选题的内容如何呈现还是会使同类型选题在表现上呈现出差异。例如，在类似"春运""高考"等"规定动作"或献血、银发社会及健康养老、医保等的选题之中，内容呈现方式是决定各家媒体流量、塑造品牌形象的重要因素之一。结合资讯类短视频策划具体需求，本书认为在内容呈现策划过程中需要把握以下两个要点。

（1）做好编导策划

在短视频编导策划环节，首先应确定基本的设计制作原则，以"轻资讯"短视频形式进行呈现，并且将素材进行重新整合与剪辑，以数据化、可视化的方式进行展现，最终以2~3分钟的原创短片进行展示。

具体而言，应当对每一期资讯类短视频进行内容的总体说明，就不同选题做出总体概述。形式上需要对短视频进行片头包装，并且在正片开始前交代事件发生的时间、地点等来进一步阐述本次新闻的具体事件内容，在周期上也应当保证在规定时间内进行更新。此外，在编导策划过程中要保证系列素材衔接的紧凑性。

与此同时，在内容策划过程中还应当根据信息资讯主题的不同来选择更为适合的图片及短视频进行呈现，在选取过程中兼顾新闻性，切不可为博取用户眼球而选取所谓的"爆点"短视频，侵犯新闻事件当事人的隐私。

最后，在编排结构方面，应当根据时间顺序或是当事人的回应等一定的逻辑来呈现不同的结构安排，应根据事件的紧急性及影响范围来做好短视频的时长控制。其他内容应当根据一定的逻辑进行编排，在不缩减视频信息量的前提下合理安排内容时长，真正为用户推送具有新闻价值且能满足用户需求的短视频内容。

（2）确定叙事视角与方法

随着叙事化手段在新闻传播领域的广泛应用，越来越多的新闻报道尝试以叙事的手法进行新闻报道，并且以普通群众的视角呈现新闻事件。

一是以"全知视角"进行事件叙述。在"全知视角"之下，短视频制作者地位凌驾于内容之上，将所要交代的内容都呈现在2~3分钟的短视频之中。采用此种方式的优势在于叙述的视野足够开阔，这种方式适用于表现一些复杂的事件，让用户利用碎片化时间最大限度地掌握相关的事件内容。在采取此类叙事视角进行策划的过程中，前期策划应充分收集原始新闻素材，确定好新闻事件的主体脉络，全面把握新闻事件发生、发展、经过和结束等全过程，并在这一过程中形成文字脚本，为后续推送相关资讯类短视频提供良好思路，并以用户喜闻乐见的方式进行呈现。

以故事化叙事手法来贴近用户。对于资讯类短视频的策划而言，故事化叙事手段成为当前短视频策划的重要叙事方法之一，故事化的内容呈现能够使用户快速了解事件的全貌。因而，通过短视频来为用户"讲故事"成为众多资讯类短视频制作者所采取的方式。采用故事化叙事手段时，无论是在前期的策划，还是在后期的编排中都应当准确把握事件要点，并对画面传递的信息进行有效把控，真正突出人与故事的关系性，进而贴近用户并提升用户黏性。

3. 内容推送策划

就新闻价值的观念和看法而言，东西方新闻界比较一致的观点是，新闻事实应该包含五种特性：重要性、新鲜性、显著性、趣味性和即时性。其中，重要性作为评判一则新闻事实价值体现的重要因素，在短视频时代同样适用。因而对某一平台资讯类短视频发布内容的重要性进行排序分析，能够进一步把握"事件重要程度影响发布频率"等要点，在满足用户信息需求的同时，有效避免信息泛化与同质化等不足。

（1）重要性事件多次发布

在资讯类短视频领域，判断新闻事件重要性的标准有两个：影响用户的数量、影响社会的时间长短。而在移动互联网时代这两个标准很大程度上可转化为一则新闻报道的浏览量与评论量。在内容推送策划过程中，策划人宜根据事件本身的重要性来进行策划，最大限度地确保新闻报道的浏览量与评论量。例如，"我们视频"在腾讯视频平台的"我们视频"首页，设有"专辑"一栏，专门提供连续性事件的报道，持续引发用户关注。通过设立专题等形式对某一新闻事件进行多次发布、跟踪报道来对事件内容进行完整呈现与还原，对于事件后续的走向、当事人后来的生活状况及民众的普遍反映等情况都进行报道与呈现。[①] 媒体的系列报道也引起了用户的普遍关注与积极讨论，这对于舆情事件的解决也提供了良好的条件。在"山东拉面哥""唐山非法捕鸟事件"等一系列事件报道过程中，资讯类短视频平台都能够把握时间节点来进行多次发布，真正为用户更为直观、深刻、全面地了解事件的来龙去脉提供良好条件，也在一定程度上避免了谣言的滋生。

（2）一般性事件单次发布

对于一般性事件的报道，资讯类短视频平台多以单次报道为主。因此，策划人在策划之初就应当对事件的性质进行剖析，对于关注度不是特别高且对社会影响较小的事件可采取单次报道的形式。这样一来，既保证了信息的分层传递，又节约了用户的时间成本。需要注意的是，在一般性事件的策划过程中，同样应当将事件的五要素呈现于短视频中，在满足用户信息需求的同时制作更为精良的短视频产品，树立良好口碑。

二、资讯类短视频制作要点剖析

资讯类短视频突破了传统新闻资讯报道的诸多限制条件，在策划方面

---

① 晏彩丽. 新京报"我们视频"的短视频新闻特色研究［D］. 开封：河南大学，2018：22.

有了更多选择空间，也更加突显了短视频的民间性、趣味性、情感性等。基于此，本部分将对资讯类短视频制作要点进行剖析，为资讯类短视频的生产提供有价值的参考。

1. 前期：要立足新闻事件规范组织拍客，推进 UGC+PGC 生产模式的融合

当前，我国大多数资讯类短视频以 UGC 和 PGC 为主要生产模式，还没有完全达到 PUGC（专业用户生产内容）模式。资讯类短视频制作，应当积极鼓励大众拍客参与，并培养大众拍客的新闻敏感性和专业性；要鼓励更多普通民众发现自身周边的新闻点，使其在第一时间、第一现场将新闻事件以短视频形式进行记录并及时上传，通过新闻编辑与大众拍客的良好互动真正促成 UGC 和 PGC 生产模式的融合。以梨视频 App 的短视频制作为例，在其内容生产环节，大众拍客发挥的作用非常大，平台目前有2 万余名的核心拍客，分布在国内外 500 多个城市。

对于资讯类短视频制作者而言，即便编辑人数众多、精力充沛，也不可能在一瞬间就抵达所有新闻现场。尤其是突发性重大新闻事件，大多珍贵的新闻瞬间是由目击者及当事人来记录的。因而，对资讯类短视频生产者而言，要积极借助 UGC 短视频素材进行新闻内容的再加工，并逐步培养一支具备新闻素养、拍摄规范的短视频资讯拍客队伍。《新京报》"我们视频"消息类短视频，有 30% 的素材都来自目击者，还有一部分来自当事人，仅有四分之一的短视频素材来自通讯员。因而，要加强对 UGC 短视频素材的使用，还可以尝试建立专门从事短视频新闻采集的通讯员机制，切实推进 UGC+PGC 生产模式的深度融合。在此基础之上，专业团队对众多拍客上传的短视频内容进行审核与后续加工，提升短视频内容的专业品质。[①]此外，拍摄资讯类短视频素材要注意捕捉细节和情绪，强调个体特写，不要忘记记录周围的环境，要强调"拍到才是硬道理"。只有在前期内容制作环节做好事件本身的内容采集，才能为后续短视频内容的呈现奠定良好

[①] 钟丹敏. "5W 模式"下资讯类短视频传播特征研究：以"梨视频"为例 [D]. 武汉：华中师范大学，2018：20.

基础。

2. 中期：要做好资讯类短视频剪辑包装制作

首先，做好短视频封面画面选取与设计工作。资讯类短视频封面，应当选择关键画面呈现最为核心的信息，最好选择画质好、清晰、具有冲击力的现场画面，并且多用近景特写来突出事件主体。需要注意的是，画面本身应避免过多的文字叠加，以免影响内容主体的呈现。在传统媒体时代，一个好的标题会有效增加用户兴趣，而在当前数字媒体时代，短视频信息资讯的标题同样能发挥重要作用。标题是给用户看的，表达资讯中心内容，通过标题的制作能够更好地传达资讯本身的内容，满足用户第一时间获取更多信息的心理。此外，资讯类短视频的标题也是给平台看的，方便平台识别推送，短视频内容制作者需要对热点话题、流行 IP、热词等进行合理应用，多用数字来突出细节，制造对比，结合热点事件突出最为核心的内容。

其次，控制好内容节奏调性。在资讯类短视频制作过程中，整体画面要多用特写、近景交代细节，还要有远景和全景反映环境；要注意保留现场声音，增强现场感。此外，还可借助快镜、慢镜、放大、重复等特技强化画面；注重对新闻六要素的安排，要清晰展示 When（何时）、Where（何地）、Who（何人）、What（何事）、Why（何故）、How（如何）。在此基础上，控制好视频总时长，尽量在视频开始后 3~5 秒呈现关键内容，吸引用户注意力。

最后，结合投放 App 选择横屏或竖屏画面形式。将以横屏画面呈现的内容应用于竖屏形式时，要充分利用屏幕上下空间，设置与画面呼应或形成对比的背景，在上下空白处增加文字、图形等内容，丰富、补充、强化画面内容。尤为关键的一点是资讯类短视频内容制作者应强调版权意识。引用外部信息、非自有版权信息时，要注意规避信息纠纷，保留原资讯 IP 或添加相关说明。

3. 后期：加强短视频内容管理审核，提升品牌传播力

在资讯类短视频内容制作后期，还应当强化内容管理审核机制。由于短视频内容更新速度极快且数量庞大，仅依靠监管部门和平台进行信息监

管还存在一定难度。因而，对资讯类短视频内容进行管理时，在及时对UGC上传的短视频内容进行把关的基础上，还应当给予举报反映问题的用户一定的奖励，并对恶意举报的用户进行警告或批评，最大限度营造良好的短视频内容监管生态。在内容审核管理这方面，梨视频已经确定了较为完善的审核机制，有效避免UGC模式下的素材违规、重复等问题，从而持续产出高质量的内容，传播优质资讯内容。

在注重短视频内容管理审核工作的基础上，还应当树立品牌意识，采取相关措施有效提升品牌传播力。品牌意识是媒体在激烈的传媒市场竞争中立于不败之地的重要因素。在信息泛滥的互联网时代，资讯类短视频平台与制作者要想实现突围，就必须承担媒体社会责任，提高媒体素养，突出品牌标识，强调品牌特性，展现媒体的公信力。以"看看新闻Knews"为例，它本身拥有优质内容和原创IP，打造自身品牌的主要措施便是加强短视频内容管理，注重视频内容的审核，以保障内容的高质量持续生产。上海广播电视台相关人士表示，"看看新闻Knews"在制播时注重用户的个性化需求及高质量内容的筛选与推送，同时也会根据新闻类型的差异与选题特色将选题归入不同的栏目与板块，在塑造品牌IP的同时打造多个短视频子IP。

第三章

微纪录片类
短视频

◉ 案例 3.1 《武汉：我的战"疫"日记》

新冠疫情发生之后，央视纪录片频道联合快手短视频平台，征集用户在武汉所拍摄的日常视频，通过大量 UGC 内容展现武汉人民的状况，组合剪辑成微纪录片《武汉：我的战"疫"日记》。该片由医护人员、普通市民、外地援助者等各类疫情亲历者，采用 vlog 的主观视角讲述武汉在抗击疫情过程中的故事。该微纪录片于 2020 年 2 月 3 起在央视纪录片频道播出，快手平台同步更新，截至 2020 年年底共播出 33 集，每集时长 5 分钟。

在记者、导演等专业人员无法到达现场的情况下，快手用户成了纪录片内容的主创。其中，战"疫"日记之《逗逗先生篇》在央视纪录快手号的播放量已超 2 300 万。主角是来自英国的"逗逗先生"，年初因工作来到武汉，通过短视频平台分享自己在这座城市的所见所闻，深受中国用户的喜爱。疫情之下，他滞留武汉拍摄了许多抗疫题材的短视频，为白衣天使加油，为中国加油。一位来自武汉的女孩分享了与家人一起度过的特殊除夕夜，母亲按照惯例书写对联，其中一句是："临危不言弃。"家人相视无言，却眼含泪水，让用户感受到疫情肆虐带来的悲痛和永不放弃的坚持与信念。

战"疫"日记之《逗逗先生篇》

每一个身在武汉的人，都在用自己的方式记住这段难忘的日子。《武汉：我的战"疫"日记》在"央视频"平台的推荐量已超过 7 亿，用户与每一位亲历者一起见证了希望与感动。

◉ 案例 3.2 《早餐中国》

纪录片《早餐中国》共分为三季，第一季从 2019 年 4 月 22 日起，在腾讯视频全网独播，同日晚间在海峡卫视重播，同年 10 月 21 日第二季播出。

2020 年 10 月 19 日，《早餐中国》第三季正式
播出，围绕 30 个普通的早餐店，展现 30 个酸
甜苦辣的家庭故事。与其他美食纪录片不同，
《早餐中国》每集只有 5 分钟，并且有 1 分钟的
纯享版在社交平台和短视频平台上传播。该片
在腾讯视频的专辑播放量已突破 1.8 亿次，超
过《舌尖上的中国》第三季的播放量。

　　《早餐中国》整体的解说词十分接地气，镜
头运用灵活，剪辑节奏较快，配乐轻松逗趣，
同时还附上俏皮的字幕，风格接近综艺。第三
季第一集走进山西荫城，通过特色早餐"猪
汤"，展现当地独特的美食风味与风土人情。各
地早餐大不相同，但都突出一个"早"字，
多数摊点在凌晨 5 点前开始营业。"猪汤"要
连续熬煮 3~4 小时，搭配酥软的千层饼，让
每一位食客感受到起床后第一顿的温暖与能
量。在每集短暂的 5 分钟内，镜头记录的故事

纪录片《早餐中国》

展现人间烟火，气象万千，风格虽谈不上精致，拍摄手法甚至有些粗糙，却
让用户感受到平凡的生活有笑有泪。《早餐中国》不附加过多的文化知识，
而充满市井风味，以邻里街坊的口吻告诉你哪儿的早餐最好吃。

● 案例 3.3　"二更"视频

　　作为早期专业的微纪录片内容生产平台，"一条"视频和"二更"视频最
初以公众号的形式进入大众视线。由于其拍摄的内容多元化，时长较短，"二
更"视频在一年内便拥有了近 1 亿"粉丝"，随后将视频传播渠道拓展至微
博、抖音、今日头条、美拍、腾讯、优酷、B 站等平台。截至 2021 年 7 月，
"二更"视频累计发行作品 7 000 部，累计播放数量 380 亿，在微纪录片制作
领域繁荣发展。"二更"视频的内容作为"社会的微观影像"，以微纪录片的
形式展现普通人物的生活与喜怒哀乐。视频每晚都会在 9—10 点进行发布，
"二更"因此得名。其创作的系列微纪录片《最后一班地铁》，聚焦都市夜归

今天乘坐 #最后一班地铁# 的是独自带大女儿的 89 年单亲爸爸，从 15 岁辍学出社会没文凭，当厨师、开滴滴、游走过边缘地带的"小混混"，到如今管理小团队为女儿拼搏的好父亲，他笃信向上向善就能开启人生一种全新的可能。

"谁都会犯错，庆幸的是我们还有大把时间去修正它，改了就好了。"

出品 | 二更视频内容中心

"二更"视频《最后一班地铁》

族的真实生活，记录只属于城市夜晚的故事，单集时长 5~10 分钟不等。

《最后一班地铁》之《单亲爸爸第 6 年》，讲述了"85 后"单亲爸爸许哥，一个没文化、没手艺的农村男性，在大城市中摸爬滚打，努力为女儿创造良好生活条件的故事。在系列视频中，受访者有刚刚毕业的学生、工作遇到瓶颈的上班族、网红博主等人群，年龄分布在 20~35 岁，主要为青年群体。纪录片风格鲜明，根据不同主角的特点进行调整，凸显片中人物各自的人生意义，不完美的记录便是真实。

新媒体时代，视频观看方式由 PC 端转向移动端，整体呈现快节奏、碎片化的播放风格，视频时长也大幅缩短。为了迎合用户需求，传统纪录片开始与短视频结合，产生了微纪录片这一新的记录形态。微纪录片凭借其自身的广泛传播与营销属性，使用户更多地参与媒介产品的内容生产与消费，为纪录片未来发展提供了新的路径。本章将围绕微纪录片类短视频展开详细介绍，首先对微纪录片的概念进行梳理，厘清其来源并确定其所指。

第一节　微纪录片类短视频的概念

微纪录片是伴随短视频这一形式出现在大众视野中的，内容简短且形式新颖，常被用来类比微电影。目前对于微纪录片的概念界定，学界与业界均未达成共识。在分析不同研究者给出的定义的基础上，本书试图归纳总结并提出自己的定义。

一、微纪录片短视频的定义

微纪录片是新媒体环境下纪录片与短视频联姻的产物，萌芽于手持 DV 的家庭记录方式。随着智能手机的普及和社交媒体形式的多元化发展，短视频平台异军突起，传统纪录片因其时长较长而无法适应投放，微纪录片占据短视频平台的纪录片板块。其广泛传播的原因有很多，一是时长符合人们快速观看的习惯；二是制作方式更加接地气，降低了用户门槛，接受度较高。快节奏的讲述方式能够在同一视频中展现完整的故事脉络，因此这种新颖的记录形态广受欢迎。从其原始形态的定义来看，纪录片本是指以真实生活为创作素材，以真人真事为表现对象，并对其进行艺术加工，以展现真实为目的，并用真实引发人们思考的电影或电视艺术形式。微纪录片与纪录片差别在于"微"字，可理解为"微型""小型"，在表现形式上侧重于"时长的控制"与"传播的广度"。和有线电视或 PC 端播放的影片相比，微纪录片画面小、切换灵活，但仍保留纪录片的核心特征——真实。

国内有关微纪录片的概念研究最早始于张欣、郑伟发表的一篇关于纪录片的文章，其中提到微纪录片这一形式出现的源头——凤凰视频。为了迎合用户的"浅阅读"习惯，凤凰视频采用更小的篇幅和更精练的表达，开启纪录片新的制作传播模式，首创"微纪录片"。[①] 也有学者认为微纪录片是纪录片的衍生形式，与技术发展密不可分。有论者提出，微纪录片这一形式并不完全区别于纪录片，而是从其概念中分化而来，它最初的形式就是"纪录短片"，随着互联网技术的发展演变成为微纪录片。与纪录短片不同的是，微纪录片更注重人文关怀，更明确表达某一特定主题。[②] 多数学者认同技术影响记录形式这一观点，有学者表示，开始是由于技术能力有限，短小的微纪录片成为互联网传播方式的产物，而如今，其存在意义发生了根本的变化。微纪录片因短小精悍而能够应用于更多场景的实

---

① 张欣，郑伟. 中国纪录片的红、白、蓝：2011 年中国纪录片活动年度盘点 [J]. 中国电视，2012 (3)：49-53.

② 谷琳. 新媒体环境下微纪录片的制作与传播研究 [J]. 四川戏剧，2018 (4)：43-47.

践，更有利于碎片化的传播。①

从其呈现方式来看，当下快节奏、碎片化的传播模式是微纪录片产生的背景。关于其时长，各界人士说法不一，中国传媒大学纪录片研究中心将其限定在 12 分钟以内，而有学者认为应限定在 25 分钟以内，部分短视频平台将其限定在 5~10 分钟。业界微纪录片的时长一般控制在 15 分钟以内，以保证用户对于影片的新鲜感。

所以根据上述要素总结，本书所分析的微纪录片类短视频是指时长在 5 分钟以内，以新媒体技术为基础、以网络新媒体为主要播放平台，运用纪实性手法拍摄真人真事，以建构人和人类生存状态的影像历史为目的，风格简约又意味深长的类型短视频。

二、微纪录片与微电影、微视频的区别

微纪录片在上述定义中有两大特征，一是时长较短，二是具有纪录片的一般特性。它与微电影、微视频的表达形式十分相似，但实质有所不同，为避免混淆，下面就相关概念进行区分和明晰。

1. 微纪录片与微电影

微电影的概念最早出现在西方学者的研究中，阿霍南、巴雷特对其定义进行了完备、翔实的描述。微电影从客观的角度来讲不属于电影式广告，也并非是适用于宣传的影视短片，而是一类可以在既定的时间段内讲述完整的故事，表达特定主题的虚构类影片形式。其中，广告仅仅是微电影各类服务当中的组成部分。② 此类影片的播放平台不太受限，传统的电视媒体与互联网媒体都可承载，内容趣味性较强，风格轻松愉悦，用户可以在短暂的休闲时间内完成观看。它与微纪录片一样都是技术发展的产物，是一种全新的影视传播形态。导演贾樟柯对微电影也给出了定义：微电影和电影源自同一个母体，只是微电影要寻找自己的特点，比如风格、时长等。"微"形态的出现结束了人们必须跑到电影院才能看电影的时代，

① 王家东. 微纪录片的命名与发展 [J]. 中国广播电视学刊，2017 (5)：78-81.
② 阿霍南，巴雷特.UMTS 服务 [M]. 宋美娜，曾奕郎，林洁珍，等译. 北京：中国铁道出版社，2004：58.

移动互联网的发展，给终端提供了不一样的可能性，微电影在这波热潮中逐渐形成了自己的特色和商业模式。

以电影的标准来看，微电影同样需要完整的故事阐述、具体的情节、生动的形象、电影化的镜头语言，叙事结构要符合逻辑，甚至要具备院线电影的全部要素。但与电影制作相比，微电影在剧本、演员、造型等方面的要求要低一些，团队规模小，后期制作流程相对简单，且主要在互联网平台传播。微电影与微纪录片的相似之处在于"微"字，其传播方式、用户和播放平台都有高度一致性。其区别可类比电影与纪录片的区别，微电影根据剧本进行演绎，可设定不同的时间、空间背景，是一种虚构的艺术形式；而微纪录片的核心在于真实，是对现实中发生的客观事件与客观环境的描述，可做艺术加工的空间较小。

2. 微纪录片与微视频

相比于微电影，微视频的特点与微纪录片更为接近，很多人甚至会把它们混为一谈。微视频可称为视频分享类短片，是用户个体通过电脑、手机等网络设备终端上传的视频，主要在社交媒体平台进行传播。其时长跨度稍大，短则 10 秒，长则 20 分钟，主题内容广泛，风格多样，大众参与度高，具有随时、随地、随意的特点。微视频娱乐属性更强，能够与用户形成高频率互动。目前，用户数量较大的微视频平台如"抖音""快手""火山小视频"等均主打快餐文化，视频制作几乎没有门槛。任何用户只需注册账号，拍摄并上传视频，即可进行分享。微视频除了时长受到限制以外，视频的内容类别、表现形式等较为开放，凸显大众化的娱乐属性。

微视频所记录的内容也可以用真实进行定义，但这种快餐性质的视频完全不具备传统纪录片属性，一般情况下难以承载丰富复杂的文化意义，难以引发思考，仅以娱乐为目的。它的用户主要以青年群体为主，类型多变，已初具泛娱乐化的态势。微纪录片都为纪实内容，时长与微视频相似，但内容还是倾向于纪录片范畴。即使是自媒体制作的微纪录片，风格仍较为鲜明，叙事严谨，展现出创作者的理论素养与审美、文化追求。

三、微纪录片类短视频的演进简史

从微纪录片篇幅短小、主题单一，与观众深度互动，通过新媒体播放等特征来看，微纪录片在国内的演进大致经过要素预备期（1992—2009）、类型定型期（2010—2012）、类型繁荣期（2013至今）三个主要阶段。

要素预备期（1992—2009）。所谓要素预备期，是指构成微纪录片的各个类型特征或组成元素逐步孵化和生长的过程。微纪录片的部分元素出现在1993年央视播出的《东方时空》。其子栏目《生活空间》每次10分钟，用影像来记录普通百姓生活中的酸甜苦辣，讲述在社会急剧变化的背景下，普通百姓身上发生的故事，其广告语"讲述老百姓自己的故事"几乎家喻户晓。

随着互联网技术、移动通信技术的飞速发展，智能化终端的普及使媒介形态发生了深刻变化。从2006年兴起，网络拍客逐渐形成一个有影响力的群体。Web 2.0时代，原本作为受众方的拍客正积极利用网络双向传播的特点，实现从受众到传播者的角色转换。大到国家大事，小到网民的衣食住行都被放到网上分享，社会生活的方方面面都被拍客们记录下来。2008年5月，汶川地震发生时，一网名为"danta1990"的网友用手机记录下了位于学校宿舍六楼的地震现场，并于当日14点55分46秒在土豆网发布视频《成都地震》，引起公众广泛关注。这是发生在网络媒体时代的典型"拍客事件"。同年12月20日，网络拍客在北京西单的地下通道，录下"西单女孩"任月丽演唱的《天使的翅膀》，12月25日视频被放到网上，并迅速在网上流传，打动了许多网友，成为点击率攀升最快的视频之一。"西单女孩"因此被电视媒体关注，为更多的人所熟知，2011年"西单女孩"登上央视"春晚"。

随着网络拍客的流行，专业拍客网站逐渐兴起，如优酷网拍客频道、酷6网拍客中国、UBOX拍客、新浪拍客、无锡拍客网、威海拍客网等。优酷网于2007年率先提出"拍客无处不在"的口号，倡导"谁都可以做拍客"，吸引了大批拍客加入其阵营。其后，优酷网曾数次开展诸如"拍客视频主题接力""拍客训练营""优酷牛人盛典"等活动。UGC 模式为这些网站提供了海量视频资源，视频分享网站使纪录片视频播放平台变成拍客社区，线性传播也变成了非线性传播。

2008 年 7 月，专注于纪录片领域的"良友纪录网"开通，不仅提供了丰富的纪录片资源，而且还为纪录片爱好者搭建了一个交流、评论、制作、运营的综合平台。2009 年 8 月，搜狐视频推出国内首个高清纪录片频道，汇聚历史、军事、人物、社会、自然等专业内容。

总结一下，萌芽期（2010 年以前）的互联网和移动通信技术为纪录片发展带来新的变化。一是"三人行必有拍客"的 UGC 模式使曾经的纪录片观众变为纪录片的拍摄对象、拍摄者，甚至成为相关虚拟社群的用户与成员；二是拍客所制作的纪实性视频内容无所不包，为微纪录片的诞生提供了微文化、微传播的文化土壤；三是专业视频网站为普通人进入曾经高不可攀的精英化的纪录片创作领域提供了平台。

类型定型期（2010—2012）。在移动通信技术的支持下，在国家相关部门的鼓励下，微纪录片在本阶段出现实践与概念"比翼齐飞"的格局。

2010 年 10 月，国家广播电视总局出台《关于加快纪录片产业发展的若干意见》。为了解决现阶段纪录片制作中出现的整体水平不高、总体规模较小、缺乏优秀作品等问题，相关部门决定加大对纪录片制作的投入，吸引优秀人才投入到纪录片制作工作中。积极引导创作生产记录社会历史发展重要进程，展示当代中国精神风貌，弘扬中华民族优秀传统文化，展现中国优美自然风光，传播科学思想文化，普及科学技术知识的纪录片，积极鼓励各种题材类型、各种表现手法、各种艺术风格纪录片的创作生产。国家广播电视总局还相继出台了季度推优、年度评优扶持，开通中国纪录片网、题材公告等一系列政策举措。

2010 年 11 月，为宣传"Keep Walking"的品牌精神，苏格兰威士忌品牌尊尼在北京启动"语路"微纪录片计划，由贾樟柯带领 6 名新锐导演拍摄了 12 部微纪录片，每集 3 分钟。这些微纪录片在各大门户网站上浏览量过百万，引起上万次转载和评论。

自 2011 年起，以搜狐、爱奇艺、CNTV 等为代表的优质纪录片传播平台发展迅速，新媒体纪录片频道总体呈现可以容纳海量片源、精品定位、台网互动，以及与主流媒体、民间优秀纪录片制作团队深度合作等特点。2011年搜狐视频开播的《搜狐大视野》是第一档原创的自制网络纪录片节目，节目于2011年8月29日开播，连续播出23周，共播出20个系列总共115集纪录片，截至2021年7月，总播放次数将近4亿。爱奇艺纪录片板块致力于精品大片的收购和播放，一年购入的纪录片超过一万集，总时长超过6 000小时。2011年12月21日精品大片《走向海洋》在爱奇艺纪录片板块上线，上线第十天，点击率居排行榜前两位。2012年1月17日，伴随春节返乡的大潮，纪录电影《归途列车》在爱奇艺纪录片板块独家首播。上线第一个星期获得极高的关注度，1月11日的日均点击量达到24万。而CNTV作为央视的新媒体窗口，在片量、片源范围、内容丰富度、覆盖国家范围四方面取得了国内的"四最"。

与传统媒体相比，新媒体拓展了纪录片的生存空间。然而应该看到新媒体更注重的是"用户体验"这一概念，与传统媒体使用的"受众"概念相比，"用户"更具自主性、互动性、参与创造性等鲜明特征，这就意味着纪录片想要在新媒体上获得广泛传播，创作者应该更加注重用户体验。纪录片《我的抗战2》就在电视纪录片的基础上，增加了一部纪录电影和30集动画片，让不同用户各取所需。在合作营销方面，2011年爱奇艺纪录片板块与荣威汽车达成了合作，将荣威新型国产汽车W5与纪录片结合，进行营销尝试，因荣威汽车希望赋予新车W5更多的民族精神，并结合云南地区的抗日战争历史来拍摄纪录片，将荣威汽车作为进入纪录片《梦回滇缅》所反映的历史时空的道具，将品牌精神灌入纪录片之中。此次尝试得到业内人士和一般观众的关注和认可，对于荣威汽车也起到一定的宣传作用。

从2009年就开始尝试做微纪录片的凤凰卫视于2011年首先提出"微纪录片"概念，认为"微纪录片"除了具有纪录片的真实性、权威性和艺术性以外，还具有符合现代快节奏的受众信息消费需求的特征。2012年11月，凤凰视频和凤凰卫视共同主办的"首届凤凰纪录片大奖"，反映杂技学校孩子生活的短片《花朵》获得"最佳微纪录片奖"，这是中国首次以"微纪录片"命名纪录片奖项。此外,《花朵》还代表浙江卫视击败英国 BBC、日本 NHK、韩国 KBS 等全球各大电视台及影视机构选送的共 325 部作品,获联合国儿童基金会大奖,并获第 17 届黑山国际电视节金橄榄奖。学者李杜若在研究纪录片发展时发现,新近兴起的"微纪录片"在原有的生活纪录类、人文地理类、新闻纪实类等类型基础上有了内容和形式的拓展,同时,又有经典剪辑类、公益环保类、商业定制类、幕后纪录类、大学生微纪录片等新的微纪录片类型出现。这表明微纪录片作为纪录片的一个新的亚类型日渐成型。

有学者于 2013 年概括道:"新媒体正在逐步改变着纪录片的生产、传播、营销过程。而微纪录片在生产方式上,具有制作周期短、个人化程度高、生产成本低、手机拍摄、实时传输、实时话题等特点。创作者会据此形成不同于传统纪录片的新思路,形成新的纪录片类型。微纪录片可以迅速完成对社会热点事件的关注与记录,产生独立于传统媒体的个性表达;其对高端广告主具备吸引力,可满足其对品牌宣传的细分需要,企业因此在微纪录片领域也进行了更多的商业投入。"①

类型繁荣期(2013 年至今)。本阶段主要有以下特点。一是监管部门采取投资、政策推进等各种"软""硬"措施大力扶持包括微纪录片在内的纪录片生产与营销;二是大量主流媒体在加速媒体融合转型的同时主动介入微纪录片的实验性制作;三是各种层次的评奖为微纪录片的创作、交流构建了艺术与学术平台。

2012 年,纪录片《舌尖上的中国》第一季轰动一时。该纪录片在微博、微信等各类平台上的"病毒式"传播,深刻影响了媒介传播生态,中央电视台、湖南电视台、北京电视台、吉林电视台等传统媒体在加强新媒体平台建设的同时,成立专业团队开展微纪录片的创作尝试,如中央电视台的《故宫 100》(每集 6 分钟)、《资本的故事》(每集 8 分钟),湖南电视台的《我的中国梦》(每集 70 秒),北京电视台的《二十四节气》(每集 2 分钟)、《中国梦 365 个故事》(每集 3 分钟),吉林电视台的《身边

---

① 何苏六,李宁 . 2012 中国纪录片行业盘点 [J]. 电视研究,2013(4):18-20.

发现》（每集 2 分钟）等。各大电视台纷纷放下身段，主动适应新媒体的发展态势，在创作模式和传播模式上主动探索与新媒介的融合。中央电视台微纪录片《故宫 100》在创作之初，就兼顾新媒体受众特征，采用化整为零、独立成片的微叙事结构，同时又能自由组合成不同主题的长视频，适合电视观众收看。从其收视调查来看，每集 6 分钟的微纪录片更受新媒体时代受众的认可，56.24%的受众是通过网络、手机等移动媒体观看的。每集 8 分钟的《资本的故事》在财经频道播出后，在网络受到了更多的关注。

南京广播电视总台制作的系列片《城殇》，顾名思义，就是要反映当年南京城所遭受的创伤。通过生存者的讲述、国际人士的证言、各种历史影像资料，反映侵华日军带给南京的巨大创痛和深重灾难。该纪录片运用该台多年积累的历史资料，改变传统历史题材纪录片宏大叙事的表达方式，采用每集 3.5 分钟的微纪录片形式，用一个个故事，向现代观众，尤其是习惯于从新媒体和自媒体获取信息的年轻观众再现战争中的劫难。《城殇》在电视与网络同步播出，被包括中央电视台在内的多家电视台转播，被腾讯、爱奇艺、优酷、酷 6、56 视频网、华数 TV、PPS 爱频道、PPTV 等 20 多家门户网站转载，短短半个月内腾讯视频点击量突破千万，引起了很大的社会反响。

统计数据也表明了微纪录片的影响力。截至 2014 年 11 月，从各大网站纪实板块的大数据来看，超过一半的用户使用手机收看纪录片，每次观看时间为 10 分钟左右，每天看 3 部左右，观众热衷的内容为历史、军事、社会等，手机用户喜欢看短小精致的微纪录片。为了吸引这些受众群体的注意力，各专业视频网站纷纷开启微纪录片板块。如 2013 年 1 月 22 日，中国纪录片网上线，该网承担了国家纪录片产业政策权威发布、素材采集、创作生产、推介展示、传播推广、融资交易、人才培养、学术研究等功能，是第一个国家级纪录片新媒体综合性产业运营平台，设有"微纪录"板块，有微纪录片库，同时参与微纪录片的征集、评奖和投资制作。以 BAT 为首的机构也重金打造短视频平台，迅速成为微纪录片、微电影的专业制作机构。今日头条、腾讯、秒拍等均投入 10 亿元扶持短视频内容创业者。2017 年 3 月 31 日，阿里正式宣布投入 20 亿元进军短视频领域，将土豆网打造为专门的短视频平台。腾讯专门成立短视频中心，负责短视频平台运营；爱奇艺短视频平台的爱奇艺头条正在内测；秒拍成为新浪微博独家短视频应用，从工具型短视频机构转型为社交分享类短视频平台；华人文化基金领投的资讯类短视频平台"梨视频"也已形成业内影响力；"咪咕视讯"作为中国移动在视频领域的唯一版权运营实体，也布局短视频，与中央电视台共建业内领先的短视频创作者聚集平台，打造头部账号体系，孵化自有明星短视频账号，引入知名工作室直接签约，盘整已有的 IP 资源进行账号化运作。

自媒体公号也投入微纪录片的展示和创作之中。2014 年 11 月 30 日，"二更"微信公众号上线，推出原创微纪录片，定位为"文艺、生活、精致"，选题涉及人文、时尚、科技等各个方面，时长一般保持在 5 分钟以内。2015 年 4 月，"二更"在杭州注册成立网络科技公司；2015 年 5 月，"二更"与自媒体大号"深夜食堂"（现为"二更食堂"）合并，同时完成了"二更"品牌的双平台融合。2016 年 3 月，"二更"正式对外宣布完成 A 轮融资，金额超过 5 000 万元，2017 年 1 月完成 B 轮融资 1.5 亿元。目前，"二更"推出了 2 618 部视频，视频播放总量达 170.36 亿，已逐步演变为成功的影视平台。"二更"平台有两个著名板块"身边人"和"手艺人"。"身边人"即来自各行各业的普通人、小人物，他们身上承载着城市发展或者文化变迁的历史印记。"手艺人"则是有着精湛手艺、传承古老技艺的工匠。例如，《身边人·魔都的钢铁侠》关注地铁养护工张艺韵，让受众注意到了平日被忽视的地铁养护人员，他们保障了市民的出行安全，在为城市交通发展做出贡献的同时，见证了上海地铁发展的历史变迁。《手艺人·春风得意北鸢飞》记录了老北京金马派风筝传人吕铁智的故事，他师从著名的风筝人金福忠先生。金马派六代传人为历代皇帝做风筝，如今故宫仍存有 3 件出自金福忠先生之手的风筝。

新媒体的不断发展，受众参与度的不断提升，使得微纪录片受到官方和民间的关注。国家广播电视总局继续开展优秀国产纪录片推荐播映工作，在各地各部门推荐的基础上，每季度评选一批优秀国产纪录片面向全国推荐播映。各种层次的微纪录片大赛也相继举办，如凤凰视频发起的"凤凰视频纪录大奖"鼓励纪录片创作者以人文视角观察现实世界，从不同的角度讲述华人的故事，展现人文关怀。此外还有中国纪录片学院奖"最佳微纪录片奖"和中国（广州）国际纪录片节"最佳纪录片短片奖""中国大学生微纪录片大赛""中国（浙江）首届微纪录片大赛"等。2013年11月28日，"直播广州"首届微纪录片大赛成功举办。到2016年，"直播广州"已经成功举办了四届微纪录片大赛：第一届主题是"致敬广州"，立足本地；第二届主题是"传承"，不忘初心；第三届主题是"创时代"，变革创新；第四届主题是"匠心"，精益求精。经过四年的努力，大赛的影响力已走出广东，辐射全国，参赛作品来源地区广泛，除广东省之外，北京、上海、湖南、天津、山西、江苏、甘肃、新疆、湖北、云南等省、自治区、直辖市均有作品参赛，还有来自美国、英国、法国、葡萄牙、新加坡等国家的留学生作品。2017年9月9日，第五届"直播广州"正式启动，大赛主题为"财富故事"——"有故事，未必有财富，但有财富，必有故事。财富的故事，其实就是一个国家、社会、城市、企业和个人奋斗创业、积聚财富的故事"。

在技术高度发展的今天，微纪录片的制作已经形成了三足鼎立的局面，专业内容生产机构以"二更""一条"等品牌为主，传播优质原创内容，形成纪实视频的IP品牌；视频网站与短视频平台以优酷、爱奇艺、腾讯视频，以及抖音、快手、火山小视频为代表，通过新媒体为用户提供创作、分享平台，将主流审美与大众娱乐有效结合，吸引了庞大的"粉丝"群体；主流媒体如《人民日报》、新华社等，致力于微纪录片的人文、历史性表达，为其发展奠定了基础。在此势头下，微纪录片稳步发展，真正迎来了自己的繁荣期。加上各类利好政策的支持，微纪录片类短视频逐渐由小众转向大众。

第二节 微纪录片类短视频的类型特征

微纪录片作为互联网时代的衍生品，依托短视频出现并发展壮大，通过短小精练的形式展现了与传统纪录片的不同之处，相较于鸿篇巨制更易受到用户喜爱。它的发展满足了快节奏、碎片化的传播需求。微纪录片不是单纯对长视频进行剪辑，而是通过片段的相互关联，产生新的传播题材，传播主体与视角不断下移，符合大众口味。就其类型特征而言，微纪录片仍具有部分传统纪录片的标准，但是艺术加工方式不同，在兼具真实性与故事性的同时，衍生出短视频的独有特性。

一、微纪录片类短视频的特征

从微纪录片的发展简史可以看出，新媒体对于该类型纪录片的重要影响。微纪录片不论是创作主体、表现方式，还是传播渠道都有了极大程度的拓展与延伸。但即使是网民自制的纪实短片，也具有传统纪录片的一般特征，未形成独立于纪录片表达之外的形式特点。因此，对于其类型特征的分析主要围绕"纪录片"与"短视频"两者的结合展开。

1. 短小精练

微纪录片与纪录片的不同之处在于一个"微"字，显著特点就是时长的大幅缩小。对于微纪录片的具体时长，业界至今未形成统一标准，受到广泛认可的标准是 5 分钟左右。5 分钟左右的微纪录片既适合电视媒体和视频网站的播出，又适合短视频平台的投放。但也有例外，如凤凰视频出品的纪录片《花朵》，时长 29 分钟，荣获最佳微纪录片奖。有学者指出，当前以微纪录片命名的纪录片时长都在 10 分钟左右，较长的在 25 分钟左右；同时，几十秒的纪录片也不断出现。长度在 25 分钟左右的纪录短片包容度较广，适合在网络上传播。① 从生产方式上看，微纪录片相较于传统的电影或电视纪录片具有创作周期短、制作成本低、传播速度快等特

---

① 王春枝. 微纪录片：新媒体语境下纪录片的新样态 [J]，电视研究，2013（10）：49-51.

点，这些都得益于它的"微"和"小"。

一是篇幅上的"短"与"精"。微纪录片的内容较为单一，基本上是对创作者身边发生的一些小事进行随手记录，以便在短时间内上传分享给用户。这样的篇幅与主题内容符合目前处于快节奏生活中的用户的观看需求，并且具有十分明确的目的性和指向性。按照普通纪录片复杂的流程制作视频难以迅速反映社会热点，而简单的自制内容则不受局限，分享过程简单，分享主题明了。

二是快节奏。用几分钟的时间讲述完整的故事，要求采用快节奏的表述方式。在电视传播过程中，节目的选择由电视台决定，用户只能观看既有的内容，节目的节奏较为平缓。而在短视频平台上，用户可以自由选择自己感兴趣的内容，刷新的频率加快。因此，微纪录片为了提升吸引力，从不拖泥带水，故事节奏十分紧凑。在短视频中很难看到长镜头的表述方式，每个分镜的时长也相应缩短。

2. 主题单一

传统纪录片所表达的主题与意义一般较为深刻，一是时长的积累足够完成动态传递的过程，能够留给用户遐想与思考的时间；二是在长时间的跟拍中可以聚焦于事物或人物本身，以展现生活中丰满的细节；三是关注人际交往过程中所累积的情感气氛，引发用户共鸣。而微纪录片的特殊性使得叙事过程变得紧凑，过多的主题无法短时间内全部展示出来，否则内容冗杂错乱，将使观众难以理解。因此，微纪录片凸显主题的单一性，叙事风格短、精、快，以满足用户的需要。在微纪录片《二十四节气》中，每一个节气独立成片，主题明确，仅围绕自然环境中的节气更替展开叙述。在几分钟内讲清楚一个事实或刻画一个人物，没有太多的铺垫和延伸，根据既定的主题进行展现，开头或结尾处适当设置冲突与悬念，并在后续部分进行解答。用户在观看短视频时不会耐心品味、思考纪录片的深刻内涵，直截了当地告知用户视频所表达的中心思想才符合新时代用户的观看习惯。

3. 全民参与

传统纪录片的准入门槛较高，要求拍摄者具有一定的专业知识，因此制作群体较为固定。微纪录片操作过程简化，普通人也可以进行基本的拍摄、剪辑工作，仅仅用手机软件就能够完成，虽然手机的呈现效果比不上专业设备，但是其作品也具备纪录片的完备特性。每一个人都有机会成为自己生活的"导演"。不需要专业团队的介入，成本也大大降低，甚至有时是零成本。这使得 UGC 成为微纪录片的一种趋势，打破了原有的纪录片拍摄形式。B 站纪录片频道有许多 vlog 微纪录片，主题有旅游、婚恋、美食、医疗等，也有记录自己的身边事或者一天经历的，如"清华'学霸'最真实的一天"等。视频拍摄风格均为纪实类短片，表达特定的主题，但创作者形形色色，来自各个年龄段、各类阶层、各行各业，基本达到了全民参与的状态。

不仅创作者不受限制，观众也因新媒体平台的扩张而快速增长。传统纪录片的观众一般为对该类型视频有兴趣且会主动观看的人群，而新媒体的智能推荐与短视频自动播放功能挖掘了很大一部分潜在观众。将纪录片从曲高和寡的艺术大殿推至全方位互动的平民化平台，使信息的传播者与接收者融为一体，更利于互动与沟通。普通大众镜头下的生活更加接地气，聚焦人的本质，使得微纪录片的意义不再悬浮空中，而是落到实处。

4. 时效性强

微纪录片具有随时随地拍摄上传的自由性，生产时间短、生产方式简便，因此能够对新近的社会热点及时进行关注与记录，大众群体的制作方式也区别于传统媒体的定位与风格，更加注重个性化表达。在一定程度上，微纪录片被视为社会现实题材之作的领头兵。① 微纪录片短小精练且十分适合追踪反映热点事件，可采用边制作边播出的方法，迅速形成社会反馈，发挥自身便捷优势。北京电视台制作的微纪录片《二十四节气》由24 个独立片段组成，每一个片段对应一个节气。于节气当天播放相应片段，引发人们对于季节更替的思考。这种生产与播放同步的记录方式，可以迅速联系热点事件，以快速简洁的特点进行传播。

2015 年腾讯视频开设《拍客纪实》栏目，整体风格偏向新闻，旨在

---

① 焦道利. 媒介融合背景下微纪录片的生存与发展 [J]. 现代传播，2015（7）：107-111.

公益微纪录片《手机里的武汉新年》

挖掘普通人身边的热点事件，并对事件的社会影响力进行发掘。视频的拍摄注重客观与真实。在大众聚焦于热点事件时，纪录短片的强时效性就被体现得淋漓尽致，让用户在第一时间了解事件发展。微纪录片在短视频平台的传播快于视频网站，短视频平台的传播模式使得微纪录片类短视频的强时效性更加凸显。

2020年新冠疫情期间，清华大学清影工作室联合快手短视频制作首部抗"疫"手机微纪录片《手机里的武汉新年》。在抗"疫"前线武汉，无数普通人拿起手机自发地记录自己的生活。这些细碎的视频片段，拼凑成了疫情之下的新年模样，每一瞬间都无比珍贵。从发现病例，到春节将至，再到武汉封城，各种情形都存在于当下的记录中，令人感到无比真实。

二、微纪录片类短视频的基本类型

根据上述微纪录片的创作主体，新媒体上微纪录片的生产方式主要包括电视媒体或专业影视机构，以及移动网络中的自媒体和个人用户。因此，微纪录片还可以分为原创型微纪录片和二次创作型微纪录片，前者由作者自行挑选题材并进行拍摄、剪辑，有明确创作目的和意图，如导演金青华的《花朵》；后者则在原有的各类纪录片的基础上进行筛选和再剪辑，如中央电视台《故宫100》与腾讯视频《早餐中国》，短视频版或纯享版的时长都短于正片。本节从创作主体与创作内容两个方面进行分类，尝试对微纪录片进行亚类型划分。

1. 基于创作主体分类

有学者将微纪录片根据创作主体分为官方与非官方两类，其中官方定制类微纪录片一般由传统媒体如电视台等，根据宣传方针和节目要求而制作；非官方类微纪录片，既包括个体化的 UGC 创作，又包括赞助商资助的专业团队制作。① 创作主体的差异体现在了表达意义、创作视角、运镜及剪辑手法上，可分为下列三种类型。

第一类是短视频用户自制微纪录片。短视频用户制作的 UGC 内容题材广泛，其中也包括处于社会边缘地带的人物，是用户记录生活、表达自我的一个重要窗口，带有草根性和碎片化的特征。这类微纪录片在短视频平台上数量庞大，用户每时每刻都可以自主上传片段；拍摄所用的设备一般是手机或相机，用户没有受过专业训练，仅保证镜头对准所拍摄对象；剪辑一般在手机 App 中完成，套用模板，或者简单剪切，风格偏向"自然主义"；片子没有深刻的立意和强烈的意识形态诉求，更多的是单纯地叙述内心感受或表达观点。例如，小城系列微纪录片《紫金正在消失的老手艺——剃头匠》讲述了城市中的剃头匠作为时代的记忆与符号，正在渐渐消失的事实，表达了惋惜之情；学生自制微纪录片《五里雾》记录了独居青年对生活的迷茫、焦虑和不知所措，探讨青年未来出路。

此类微纪录片使得被传统媒介忽略的小人物出现在大众的视野中，展现普通民众的日常生活，让微纪录片的题材更加多元化和平民化。从整体来看，用户自制微纪录片采取"自然主义"的纪实手法，但其制作手段处于业余、粗糙、原生态的状况。许多视频日志记录的内容是个人的家长里短，属于自娱自乐，却成了碎片化时代人们宣泄情绪的途径。这类"真实"是专业团队以高水准的拍摄技术所不能捕捉到的。因此，自制微纪录片可以让社会未经雕琢、最原始的一面展现在用户面前。

第二类是自主品牌专业团队制作的微纪录片。自主品牌专业团队制作的微纪录片由两部分构成，一是专业视频网站，二是纪录片公司或自媒体。视频网站如腾讯视频、爱奇艺、优酷视频、B 站等，都开设纪录片栏目，且平台自制微纪录片不在少数。例如，此前腾讯网联合腾讯视频推出原创栏目《中国人的一天》纪录片，聚焦普通中国人的生存状态和喜怒哀

---

① 陈阳. PGC+UEM：微纪录片的生产模式创新：以《了不起的匠人》为例 [J]. 中国电视，2016（11）：84-87.

乐。每期视频在 10 分钟以内，拍摄对象有外卖员、职业打假人、北漂一族、网红农民夫妻、嘻哈歌手、夜市老板等，每一集都是一个故事、一种人生。凤凰视频则依托优秀的纪录片制作团队，设立纪实栏目《甲乙丙丁》，关注边缘人物的日常生活，记录人性的温度。在他们的镜头下有女按摩师、盲人工作者、龙套演员、臀模等，这些不寻常的职业人群被一一展现。同时，凤凰视频还尝试定制纪录片，以微纪录片的方式反映文化、历史等宏大主题，以小见大。

商业自媒体团队制作的微纪录片影响力也不容小觑，目前规模比较大的是"一条"视频与"二更"视频，在各个平台网站都有其官方账号，"粉丝"数量庞大。商业化运作加上精良的制作团队使其出品的纪录片质量较高，商业微纪录片制作已形成一套标准化流程。以"一条"视频为例，作品分为商业片与公益片两种：商业片以营利为目的，依照"一条"视频的《合作刊例》，每日推送的头条视频报价在 120 万元；公益片则是免费的，提倡某种道德标准，维护公众利益，具有良好的社会效益。商业微纪录片创作体现出商业性与公益性相融合的特征，用户有时很难区分。①

另一种具有商业性质的纪录片创作主体是独立纪录片制作人。他们的数量与水平难以捉摸。自纪录片的拍摄门槛降低以后，便出现很多业余独立纪录片制作人，城市的民间观影社团相继兴起，比如上海的"101 工作室"、北京的"实践社"、南京的"后窗看电影"等。独立纪录片影展也随之兴起，虽然发展过程中遇到不小的阻力，但为独立纪录片的制作创造了相对自由宽松的环境。其中，微纪录片以其时长、主题等特色受到许多青年制作人的青睐，他们更多地选择深入本土，关注普通人的生存状态。独立纪录片的镜头下有一个时代最真实的模样。

第三类是体制内专业团队制作的微纪录片。体制内专业团队主要由主流媒体以传统的电视纪录片生产流程进行策划与制作，选题需要经过层层审核，偏好宏大叙事，准备充分、制作精良，意识形态宣教色彩比较浓

---

① 王家东. 移动互联时代的微纪录片：视角、叙事与传播 [J]. 当代电视，2018（2）：60-61.

厚。例如，CNTV纪实台的"微纪实"板块，通过选取珍贵的纪录片资料分门别类进行"片段精切"，这是对现有资料的网络化转换。由浙江省人民政府新闻办公室牵头，浙江电视台国际频道拍摄的12集微纪录片《我在杭州》，讲述在杭州创业的外籍人士的工作与生活。每一集时长在3分钟左右，通过多维的视角记录了12位外国人在杭州创业、追梦的精彩故事。此外，微纪录片《守山大叔》由东莞日报社特别策划，讲述护林员罗旭委28年如一日坚守在深山里，保护6 797亩（约4. 53平方千米）林地的故事。此类由体制内媒体所制作的微纪录片，既可以在电视媒体上播出，又可以在短视频平台播出，更容易被用户关注。新华社充分利用其资源优势，打造了《红色气质》《红色追寻》等红色系列短视频，前者在网络上的播放量超过2亿。

2. 基于创作内容分类

纪录片的创作内容与主题息息相关，主题的定位将决定整个纪录片的走向，根据拍摄题材的不同，微纪录片类短视频主要可以分为三个类别，分别是：宣传教育型、人文关怀型、社会历史型。

第一类是宣传教育型。按照不同的宣传内容，宣传教育型微纪录片又可以细分为：时事政治类、广告营销类、公益环保类。

时事政治类。时事政治指的是某个时间段内发生的国内外政治大事，主要表现为政党、社会集团、社会势力在处理社会事务和国际关系方面的方针、政策和活动。[①] 这类微纪录片一般由体制内的专业团队或主流媒体制作，带有强烈的政治性、新闻性、现实性和社会关注度。例如，新华社推出的微纪录片《红色气质》和《人民日报》微纪录片《我们的"一带一路"》等。在抖音短视频平台上，中共湖南省委外事工作委员会办公室联合湖南经视摄制的微纪录片《小河望春》，讲述了湖南乌石村精准扶贫的故事。《小河望春》以乌石村村民张建南为拍摄对象。张建南家里没有青年劳动力，其丈夫在2010年意外去世，留下她与两个孩子，生活没有保障。2015年，扶贫组进村，对其进行对口帮扶。2019年，张建南通过

---

① 张健. 视听节目类型解析［M］. 上海：复旦大学出版社，2018：261.

养殖脱贫，还开设了自己的画室。截至 2020 年年底，该村的贫困发生率降至零。

广告营销类。微纪录片具有篇幅短小、主题单一的特点，表达主题的方式较为隐晦，因此用来进行广告宣传，不会让用户感到排斥，宣传效果较好。例如，贾樟柯和苏格兰威士忌尊尼获加合作的微纪录片《语路》系列。微纪录片对著名调查记者王克勤进行了采访，他讲述了从业 20 年所面临的艰辛与危险。他曾受到死亡威胁却一直秉持新闻人的执着精神，愿意在这条路上一直走下去，与威士忌尊尼获加酒"永远前进"的品牌精神相契合。微纪录片的时长虽然比广告更长一些，但是没有直白地宣传卖货，而是通过人物的记录与描述，对应商品的主题，在潜移默化中传递观点。用户可以随时随地互动分享，这种渗透到社交生活中的传播方式正是广告商所需要的。

公益环保类。这类微纪录片的宣传主题以弘扬美德为目的，主题可以是爱护环境、保护野生动物、关爱留守儿童等，主要体现公益性。微纪录片《年夜饭》联合"小海豚计划"，走进秦岭山区里的留守儿童之家，将镜头对准一名留守高中生。这位主人公的父母进城打工，为了给他攒学费，除夕不能回家。为了不让父母和爷爷奶奶担心，他开始张罗起了家里的年夜饭。没想到除夕当天，父母经过"小海豚"的帮扶行动，回到他的身边，给他带来惊喜。

第二类是人文关怀型。微纪录片的主要拍摄对象是形形色色的普通人及其日常生活的点点滴滴，因时长的限制，不再聚焦过于宏大的主题。近些年获奖的微纪录片《新娘》，通过口述的方式讲述刘华奶奶从 1954 年到新疆参军并在新疆安家的故事。《新娘》记录了刘华伉俪在新疆的种种经历。"二更"视频制作的聚焦都市人群生活的系列微纪录片《最后一班地铁》，记录只属于夜归人的故事，其中，《不那么"正"的阿正》主人公是一位生于 1992 年的佛系青年，从小成长于单亲家庭，毕业后工作也并不是很顺利，年近 30，仍蜗居在 12 平方米的出租屋里，但他依然坚持奋斗，期待下一秒幸福的到来。

人文关怀类微纪录片主要聚焦于人物或群体的日常生活，以平民化的视角集中叙述所表达的主题，强调微纪录、微视角、微生活的叙事特点。比如"二更"视频所拍摄的《穿"洛丽塔"的男孩》，1998年出生的男孩阿泽为了追求自己真正喜欢的东西，放弃了在国企安稳的工作，摇身一变成为汉服店店长，每日化妆打扮、穿汉服。面对别人的质疑与不理解，他认为男性也有追求美的权力，衣服不应被赋予性别。视频所传达出的态度，是较为边缘化的人物在时代的大背景下努力做自己，追求内心的赤诚。

第三类是社会历史型。纪录片具有记录社会现实的作用，在历史的发展脉络中，它也可以被当作影像民族志来进行研究。在中国历史文化资源丰厚的前提下，社会历史型纪录片层出

微纪录片《如果国宝会说话》

不穷。例如，微纪录片《如果国宝会说话》通过100集微纪录片展示了100件文物。整部纪录片分为4季播出，每季25集，每集5分钟。每集讲述一件文物的故事。在短视频平台官方账号中，该纪录片合集播放量已经超过1500万。短小精练的篇幅对叙事的逻辑、节奏的把控要求更高，微纪录片将一个个关于国宝的故事浓缩在5分钟的视频里。国宝的故事充满曲折离奇的传奇色彩，仿佛文物本身不再是一件物品，而是一名经历过历史洗礼的前人，带领观众穿越回过去，领略中华文化的魅力。与以往历史类纪录片不同的是，"国宝"没有长篇大论地叙述历史背景或空洞地渲染情怀，而是通过生动鲜活的"史实"讲述文化含义，解说词大气磅礴又不失浪漫。5分钟的设置遵循了互联网时代的碎片化传播规律，赋予了文物青春活力。

社会历史型微纪录片还常选择近现代史主题，例如，讲述早期中国共产党人红色峥嵘往事的《上海记忆：他们在这里改变中国》。这部微纪录片共有8集，每集8分钟，以珍贵文献、历史画面、实地探访等多种形

式，全景式地再现了 1921 年至 1937 年的 16 年间，中国共产党在上海波澜壮阔的发展历史。视频以时间顺序为主，从晚清甲午战争到红军长征胜利，再到抗日战争进入白热化阶段，包含了著名历史事件如建党、五卅运动、"四一二"政变等。微纪录片以珍藏于上海市档案馆和海外的珍贵史料为依托，以城市地理学的方法解析历史事件。比起以往的历史类纪录片，该片首次以还原历史事件的空间位置来呈现故事内容，这是影像史学的全新表述方式。

第三节　微纪录片类短视频的策划与制作

微纪录片与传统纪录片的区别在于其更具有草根性和原创性，传播渠道广、用户群体庞大等。传统纪录片承载的意象较为宏大，传递意义复杂，与当下快节奏、碎片化的传播方式不太合拍，微纪录片正好弥补了这一不足，让惨淡的纪录片市场开始回温。微纪录片由于操作简单便捷，人们用手机就可以完成初步的拍摄剪辑，因此在短视频平台广受欢迎。但由于过多非专业人士的参与，微纪录片质量参差不齐。那如何提升整体网民自制微纪录片的质量，提高短视频传播的水准？本节将从选题策划、叙事策略和传播策略三个角度阐述微纪录片类短视频的策划与制作要点。

一、微纪录片类短视频的选题策划

在开始制作微纪录片之前，首先要确定视频的主题，这是影响微纪录片后续走向的直接因素。题材的选择优先考虑创作者的个人志趣与关注点，同时也要兼顾传播时各方面的客观因素，如用户兴趣点、拍摄成本、制作可行性等。在短视频平台海量的视频中，选题的好坏直接决定了推荐量和关注度的多少，因此要抓住用户的猎奇心理，贴合其需求，用细节化的表达方式进行制作，直击其心灵。

1. 要坚持用户需求导向

有人认为，选题的策划已经过了"形式是金，内容为王"的时代，在短视频智能算法推荐下，"用户为王"成为媒体传播的新标准。即便内容制作精良，不符合用户兴趣的视频也会无人问津。由于用户长期接受海量的碎片化信息，其信息筛选能力得到很大提升，因此在接收信息时只会挑选自己感兴趣的内容。基于这种背景，微纪录片在制作初期的选题策划阶段必须以用户为导向。

首先应该贴合用户需求。无论视频内容反映的是事物、人物还是社会大环境，都要紧扣主题，而主题的选择最终是为了呈现在用户面前，因此选择用户想看的主题，围绕这样的主题创作出来的作品才会得到广泛传播。但要记住的一点是，不能一味地迎合用户，而应在把握其喜好的基础上，坚持纪录片创作的客观原则。传统的纪录片在选题方面往往聚焦于宏大的历史事件、人物等，解说词风格十分严肃。这类纪录片的内容深奥，一般人群难以理解。有学者认为：在后现代的争论中，宏大的主题成为人们的批判对象，而小叙事则受到人们的追捧。

2. 要强化主题情感导向

随着微纪录片表达内容的生活化，其选题越来越多地关注用户的心理和情感。微纪录片致力于展现平民的生活状态，将关注点放到现实生活中，把镜头对准街头巷尾，抛却传统纪录片视点高于用户认知的姿态，以平等的视角记录发生在普通民众身边的真人真事。① 视角越接近群众，展现的生活越真实。这并非是对视频进行艺术加工，而是对生活状态进行还原，使用户观影时产生心理上的共鸣。这种平民化视角的描述是当下微纪录片创作的主要特点之一，与传统纪录片的风格大相径庭。例如，微纪录片《早餐中国》，在展示不同地区的美味早餐时，是从顾客的视角来进行讲述的。中国有句谚语叫"民以食为天"，无论走到哪，嘴上不能亏待，而《早餐中国》里有句解说词"只需早起，你就能找到故

---

① 刘烨. 微纪录片的特征与叙事策略：以《故宫100》为例［J］. 新闻世界，2013（7）：273-274.

乡", 触动了当下背井离乡的年轻人的情感, 食物在这里已经成为故乡的代表。

3. 要追求生活细节导向

想要避免过于宏大的叙事, 选题就一定要注重细节, 在与大众息息相关的日常生活中寻找共鸣点, 题材越微观越能直击心灵。以新华社微纪录片《光明》为例, 视频讲述了一个极度贫困的家庭供自己的三个孩子上学的故事。那么, 如何才能直观展现这个家庭的贫困? 导演抓住了细节, 而不是通过解说词来描绘。影片一开头以这对贫困夫妻来开场, 盲人丈夫首先具有视觉冲击力, 他对着镜头说出: "暂时的贫困不是永远的贫困, 假如说钱不用在教育上, 不用在下一代上, 那是永远的贫困。"他作为纪录片中的人物自述了对贫困的理解。镜头的细节例如孩子在地上捡到水果糖纸拿起来舔舐、鞋子已经穿到断裂开胶等, 父亲作为盲人虽然看不到但心里知道, 只能默默心痛。

这些细节的发掘无不突出了"贫困"给一个家庭带来的苦楚, 夫妻虽然无奈, 却秉持着正确的教育观念, 这一重要的信息暗示了家庭发生转折的机遇。在纪录片后半段, 夫妻二人的儿子何仲华以云南省理科状元的成绩考入北京大学数学系, 彻底改变了这个贫困家庭的命运。从父母脸上的笑颜可以看到未来的希望, "扶贫·扶智·扶志"这一脱贫思想在片中得到了很好的体现。

二、微纪录片类短视频的叙事策略

对于纪录片而言, 好的选题是成功的一半, 而如何讲述这一选题决定了纪录片的整体质量。展现生活事件的微纪录片通常从一个小故事出发, 因而叙事方式在制作过程中显得尤为重要。大量特写镜头与同期声的第一人称叙述, 构成了微纪录片独特的叙事话语。有学者认为, 微纪录片的叙事策略是通过建构仪式, 引发用户情感共鸣, "仪式化"在加强艺术性的同时激发用户文化认同感和归属感。①

1. 内容上要坚持视角平民化，故事生活化

微纪录片的视角遵循平民化的风格，讲述发生在身边的小故事。传统纪录片的时长允许其涉足较为深奥的题材，但这也可能使之远离大众的日常生活。据统计，观看传统纪录片的群体文化程度较高，普通用户面对缺少趣味性的内容，往往都望而却步。微纪录片直抒胸臆的表达方式，对用户要求低，且能够在短时间内使观众产生情感共鸣，所以更容易被接受。

随着"一条"视频"二更"视频等微纪录片视频平台的崛起，纪录片用户的年龄层也在不断下移，微纪录片吸引了众多年轻用户。受到关注的秘诀在于独特的视角、简洁的叙事和剪辑后的情绪烘托。在短视频平台上，人们习惯以快速刷新的方式观看视频，留给每一个视频的耐心不过一两秒，因此只有让用户感到亲切、熟悉，才能够留住他们的视线。此处以《早餐中国》为例，在讲述湖南米粉一集中，经营小店的夫妻每天早晨赶在城市醒来之前开门迎客，早晨来"嗍粉"的食客络绎不绝。这种"嗍粉文化"被浓缩进 5 分钟的视频里，形形色色的用户在观看的过程中，可能会由此想到家乡的美食，漂泊在外的湖南人尤甚。此片段选择了最为平民化的主题——美食，采用了传统的纪实手法，结合新媒体的表达方式，以明确的生活场景在短时间内引发用户共鸣。

2. 视听上要有冲击感，言语要有亲切感

微纪录片在视听、言语上符合年轻群体的审美与喜好，和传统纪录片大相径庭，其区别主要体现在以下两个方面：

第一，短视频由于时长的限制，难以支撑起情节跌宕起伏的大事件，因此常以画面来吸引用户，将美感置于逻辑之上。吸引眼球的画面往往能锦上添花，其中最为诱人的当属美食类视频。除告知用户基本的做法或人物背后的故事外，许多拍摄剪辑技巧也被运用于微纪录片。例如，影片通过食物特写使画面具有一定的视觉冲击力。以美食纪录片导演陈晓卿的作

① 位俊达. 跨文化视角下微纪录片的传播：以《了不起的匠人》为例 [J]. 青年记者，2018（8）：73-74.

微纪录片《沸腾吧火锅》

品《沸腾吧火锅》为例，这是一部 10 集的微纪录片，每集 12 分钟，拍摄团队造访了广东、重庆、黑龙江、云南、四川、北京、海南、贵州 8 个省市，选了 10 款热门火锅作为拍摄对象，全方位展现"火锅文化"在中国的风靡。纪录片中最常见的镜头便是对着沸腾的火锅与食材拍摄特写，加上独特的美食滤镜，令人垂涎欲滴。这类微观的摄影技术将食材在"撕""烫""涮"等动作下的细节展露无遗。画面对美食直观、鲜活的呈现，比语言的描述更具冲击力。

第二，传统纪录片的声画配合一般采用"解说词+画面"的基本模式，主要强调客观、真实，但无形中也拉开了与用户之间的距离。例如，纪录片《从秦始皇到汉武帝》是对历史的还原与介绍，所以全程主要由解说词来传递背景知识，内容接受具有一定门槛，一般人群难以快速理解。在短视频传播过程中，微纪录片一改往常声画解说的单一形式，以口语化的风格自述主题内容，使用户产生一种与片中人物相互沟通的错觉，使其感到无比亲切。较为完备的视听组合方式为"搬演+文献影像+采访+日记摘录画外音"的模式，若因时长过短受限，则采用"同期声+画外音"足矣。例如，B 站众多旅行微纪录片，以 vlog 的形式展现，以第一视角带用户一起感受美景，激发其共情能力。

三、微纪录片类短视频的传播策略

在互联网时代，拥有优质内容也需要可观的推荐才能被更多用户所关注。微纪录片的制作及传播方式是传统媒体与新媒体混搭的模式，不仅需要专业人员把关质量，网络引流也不可或缺。短视频具有快消品的特征，既包含审美价值又兼具高效传播的样态，因此既要保持高品质又要兼顾舆论。

1. 要构建基于关系传播的社交媒体

媒介技术不断发展加快了媒体融合的趋势，传统的传播理念和方式受到影响，单向传播转变为网状传播，形成多级"连接"的传播效应。因此，在新媒体传播中，要注重建构传播关系并与传播主题互动，从而带动社交平台中关系网络的"连接"。此种"连接"关系分为两种：一是"强连接"，指家人、亲友等同属社交圈中的"强关系"；二是"弱连接"，指不同群体之间传递的信息，例如，微博热搜、新闻头条、网络社群等。前者是自我社交的辐射，后者是群体连接的纽带。微纪录片在短视频平台上的传播，是通过构建"弱连接"，形成不同用户群体的过程。

目前，微纪录片的用户群体由两部分组成，包括基于专业内容生产所形成的用户群和基于用户内容生产所形成的用户群。专业内容的传播过程由主流媒体或团队将既有的"粉丝"群体通过宣传渠道导流到平台，然后根据用户兴趣进行资源匹配，以共同话题为要点形成关系网络。例如，中央电视台出品的《故宫100》《如果国宝会说话》等微纪录片，其在短视频平台上的用户很大一部分来自电视媒体本身，这是一种流量的媒介转移。用户生产内容包括平台中的普通用户和具有一定规模的自媒体，其传播最初建立在社交关系的基础上，通过"圈层人际传播"的模式不断扩散开来，以内容分享或转发的方式提升关注度。例如，自媒体"一条""二更""壹读"等视频生产平台，不同于纯粹的个人用户，在传播的过程中，通过广告创意文案或者微纪录预告形成话题效应，线上与线下同时打造知名度，"粉丝"群体聚集速度快，黏性高。因此，基于关系传播的社交媒体核心是以用户为主，发掘有限的"强关系"网络，重点则通过"弱关系"将志同道合的人聚集在一起，形成兴趣用户群体。

2. 要打造全方位互动式传播链条

目前，新媒体样态的传播又称为微传播，特点是裂变式的多级传播，集合了人际传播、大众传播等优势，实现了传播的聚合效应。其相对于电视媒体传播，效率更高、覆盖面更广、互动效果更好。在实时传递信息并形成沟通的传播过程中，信息的接收与反馈变得越来越重要，不仅要吸引用户，还要留住用户。微纪录片迎合了多屏互动的情境，通过"转发""点赞""评论""分享"等功能实现了一键互动。用户能够在短时间内传达自己认为有价值的信息，实现社交网络关系的链式传播。

以中央电视台为例，其生产的微纪录片《如果国宝会说话》采用跨平台传播的方式达到了媒介融合的传播效果，同时也开辟新媒体环境下电视媒体传播传统文化的新路径。该纪录片首要播出平台为中央电视台纪录片频道，再结合新媒体传播思路，在央视影音、爱奇艺、B 站等媒体平台，进行网络媒介宣传，以 MV、剧集看点、花絮或者预告片的方式进行预热。同时在微博、微信、央视网等社交平台向用户征集创意文本，线下推出周边文创产品，牢牢抓住了用户的心。最后在抖音、快手、微信视频号等短视频平台，通过官方账号发布剪辑版或纯享版，播放量超过千万，取得了良好的传播效果。因此，在传统媒体与新媒体混搭的传播模式下，要充分利用不同媒体平台的特点，因地制宜，形成全方位互动的传播链条，实现媒体聚合。

总之，微纪录片是新技术背景下影视纪录片发展的一种合乎逻辑的艺术手段，微纪录片生产者同样需要坚持纪录片的精神与理念。纪录片的制作者需要用独特的视角观察和思考历史、人物与社会，并把这种观察与思考融入有力的记录叙事中。关注现实、关注社会、关注民众，是纪录片和纪录片制作者的传统，也是微纪录片类短视频及其生产者的重要责任。有发现、有思考、有表达，应该是微纪录片类短视频未来的发展方向。

第四章

网红 IP 类
短视频

◉ 案例 4.1　Papi 酱:《云拜年之即使不回家过年，年的味道始终在》

《云拜年之即使不回家过年，
年的味道始终在》

Papi 酱本名姜逸磊，毕业于中央戏剧学院导演系，曾在 3 个月的时间里借助微信平台吸引"粉丝"超 400 万，自诩"一个集美貌与才华于一身的女子"，亲切感十足，成为"2016 年第一网红"。截至 2021 年 2 月，Papi 酱微博平台"粉丝"达 3 325 万，其他短视频平台，如抖音、快手等"粉丝"均过千万。

《云拜年之即使不回家过年，年的味道始终在》是 Papi 酱在春节来临之际于 2021 年 2 月 4 日在抖音短视频平台、微博平台等上传的短视频。2021 年 1 月初，中国多地出现零星病例，甚至出现局部聚集性疫情。在此背景下，各地陆续发出"春节期间非必要不返乡"的倡议，而 Papi 酱抓住今年所倡导的"云拜年"这一特殊形式，以诙谐幽默的创作手法、生活化的形式来呈现短视频内容，抓住用户心理，进一步使得不能回家过年的群众深刻理解"即使不回家过年，年的味道始终在"的道理。这一短视频一经上传便获得良好反馈，仅抖音平台就获得 25.2 万赞。

◉ 案例 4.2　李子柒:《东方非遗传承》

美食视频博主李子柒是继 Papi 酱之后短视频领域代表人物，有"2017 年第一网红""东方美食生活家"之称。截至 2021 年 2 月，李子柒在微博平台已经拥有 2 753 万"粉丝"、抖音平台拥有 4 394.2 万"粉丝"，B 站、快手等其他平台"粉丝"均破千万。

《东方非遗传承》是李子柒账号的系列内容之一，该系列目前更新至 33 集，共计 4.1 亿播放量。该系列第 5 集《一方小小的木活字，镌刻出中华千年的底蕴风流》展现了活字印刷的全过程，一帧帧镜头将活字印刷的每一个步骤重现，从前期制作木活字，到后期将字模挑选出来、涂墨，再将文字印在纸上等过程展示于短视频中。短视频节奏轻快，画面精美，让更多人了解我国古代四大发明之一——活字印刷的奥秘。

短视频深耕垂直细分领域并形成众多各具特色的 IP。李子柒在深耕短视频内容基础上，正是以中华传统文化为核心、以美好田园生活为基础俘获了大批"粉丝"的心，多期"爆款"短视频内容的呈现，使其从"网红"向着"网红 IP"商业变现之路进军。

《东方非遗传承》

◉ 案例 4.3　MrYang 杨家成：《MrYang 英语小课堂》

短视频的持续爆红，无疑为很多行业的红人带来"流量红利"，这其中不乏一些官方教育机构账号。英语老师"MrYang 杨家成"就是这类教育类账号中的佼佼者之一。截至2021 年 2 月，"MrYang 杨家成"在抖音已积累约1 176W+"粉丝"，总获赞 9 632W+，成为知识类短视频领域的网红。

《MrYang 英语小课堂》是 MrYang 杨家成在抖音平台创作的系列短视频之一，截至这一系列更新至 31 集时，共计 1.6 亿播放量。其中《这样学英语，就很简单了》作为该系列的第 6 集获得该系列的最高点赞量——97 万，并且在内容呈现上抓住了英语学习者英语学习的"痛点"，即"不知如何高效记忆单词"，通过诙谐幽默的语言、不乏专业性的解读及场景化的方式来为英语学习者高效记忆单词提供新的思路，具有较强的实用性。该系列作为

《MrYang 英语小课堂》

MrYang 杨家成较为核心的内容之一，受到众多"粉丝"的追捧。

MrYang 杨家成从 2016 年开展借助互联网平台发布英语搞笑类视频，通过将不同场景下英语用法与趣味剧情相结合的方式向用户呈现搞笑、易学、有趣的教学视频，其个人也凭借"戏精"人设受到众多"粉丝"的关注，已具备网红 IP 化属性。

从 2016 年 11 月的《兰州牛肉面》算起，到本书杀青的 2021 年 4 月，李子柒已经爆红了 4 年半。李子柒走出国门的视频，2021 年年初还以 1 410 万的 You Tube 视频订阅量刷新了吉尼斯世界纪录。微博之夜上有主持人抛出这样的尖锐提问："面对越来越多的内容分流是否担心自己会被取代？"李子柒竟然能够轻松回答："不存在是否被取代这个问题。"李子柒的短视频摒弃了人们对普通网红只会卖萌、发嗲的印象，也拒绝了以搞笑搞怪吸引眼球，而是用诗化的镜头语言，把看似平常的乡村生活演绎成很多都市打拼者理想的样子——宁静美好、质朴清新。

何谓网红 IP 短视频？网红 IP 凭什么一直火？这是本章所要讨论的主要内容。

第一节　网红 IP 类短视频的概念

从词义的构成上看，短视频是"网红 IP 类短视频"这个说法的属概念。在属概念内涵与外延比较清晰的情形下，对网红 IP 类短视频的理解与说明更多地取决对"网红"和"IP"这两个种概念的理解，因而本书要给网红 IP 类短视频下定义，需要从网红这个概念开始追根溯源。

一、何谓网红？

什么是网红？网红，简单地说，即网络红人。《咬文嚼字》杂志发布的"2015 年度十大流行语"将网红解释为："被网民追捧而走红的人。"君联资本的邵振兴认为，网红是 KOL（Key Opinion Leader，意见领袖）的一种，网红可以对"粉丝"某些行为或决策产生影响。以太研究院将网红定义为，网生并拥有人格化形象，已经具备一定程度的传播力和影响力，能持续创作传播优质内容，有一定的商业变现潜力的群体。而作为公共知识平台，百度百科对网红的定义是，在现实或者网络生活中因为某个事件或者某个行为而被网民关注，从而走红的人。基于这一理解，成为"网红"的重要因素是自身某种特质在网络环境下被放大，与网民的审美、审丑、娱乐需求以及看客心理相契合。

学界对"网红"的定义还没有定论，因为其出现的领域和表现的类型较为庞杂，例如，以文学创作和言论发表见长的网络写手，以图文见长的网络段子手和淘宝店主，以短视频制作或直播取胜的网络主播，以美景或文化特色知名的旅游目的地，以某种特色被众人追捧的家具、食品、电器等。但是"网红"概念有两个核心要素：一是网络平台，即"网红"诞生的场域空间；二是与受众之间的互动关系。所谓孤掌难鸣，"网红"之所以会"红"，不仅仅是靠网络平台的频繁曝光，更需要受众相应的互动反馈，因此可以将"网红"简要地理解为"依靠网络平台积聚起个人影响力，并且在各自领域内受到粉丝追捧的一类群体"[1]。网红与互联网同步产生，随着网络技术的迭代升级而逐渐成为一种新现象，并从线上走到线下，对现实世界进行着颠覆性的变革和改造。

通过以上对网红概念的梳理，本书将网红定义为具有鲜明的个性、才艺等而走红于网络的人或人群。第一，网红主体可能为社会各界名人，或是不拥有知名度的普通公众、干部、学者等，或则在某一领域已经具有一定影响力，在网络上受到广泛关注的"草根"名人。第二，互联网是其走红的天然母体，网红在短时间内走红之后，依然借助网络来"包装"自己。第三，网红走进大众视野具有一定的偶然性或突然性，热度有可能会很快消散，网红可能不再"红"。

网红史其实就是中国互联网进化史：网红 1.0 时代，主要代表人物有

---

[1] 敖鹏. 网红为什么这样红?：基于网红现象的解读和思考 [J]. 当代传播，2016 (4)：40.

老榕、安妮宝贝、今何在、唐家三少、天下霸唱、南派三叔等。[①] 这类网红所依据的平台大多是论坛、BBS 等人际关系较为密切的社群，且以文字为主要传播载体。

网红 2.0 时代，主要代表人物有木子美、芙蓉姐姐、凤姐等。这类网红借助网络所发布的信息主要以图片为主，以文字为辅，并且发布的内容多是借助网络形式来展示个人形象，通过迎合用户猎奇心理发布众多"自我恶搞型"的图片来博取网民的眼球，从而达到"出名"的目的。

网红 3.0 时代的网红在"短文字+图片"的组合形式基础上进一步拓展，逐步在微信、微博平台找准自身定位。这类网红群体的走红与社会化媒体的普遍应用紧密相关，微博、微信等平台为网红发展提供了重要阵地，各类千万级订阅量微信公众号的出现反映了这一群体爆红的现象。

基于网红 4.0 时代，网络直播和短视频平台的易得性彻底打破了普通人成名的技术壁垒，给众多草根人士提供了成名的快速通道。而各类网络直播和短视频平台的飞速发展也催生了这时期"视频网红"的诞生，比如"一个集才华与美貌于一身的女子"Papi 酱。在这一阶段，网红常借助短视频或是直播平台来记录与分享生活百态，以个性化的表演来获取"粉丝"关注，提升原有"粉丝"黏性，为继续开展专业化深耕、实现流量变现及网红 IP 化奠定基础。

二、何谓网红 IP？

IP 的英文注解为"Intellectual Property"，即知识财产，不同于通常意义上的"知识产权"（Intellectual Property Rights）。IP 的概念最初进入大众的视线是在 2014 年到 2015 年，相关概念为"IP 剧"，主要指把文学作品转化为影视作品，包括电影、电视剧、网络剧等。随着时代的发展与科技的进步，IP 运营开始尝试更多的模式并逐渐走向成熟，视频、漫画、电影、游戏等周边产品商业链条已较完善。可以说，业内人士开始使用 IP 这一概念时，指涉的是某种特定的可以被改编为电影、影视剧的"文学财

---

① 袁国宝. 超级网红 IP：个人品牌引爆之道 [M]. 北京：电子工业出版社，2017：3.

产"，后来延伸为能够仅凭自身的吸引力，挣脱单一平台的束缚，在多个平台上获得流量，进行分发的内容。① 有学者对这个概念产生的文化、互联网与商业语境进行考察后得出：IP 是一种具备有黏着度的"粉丝"群体，可以发展出具有长期生命力的衍生产业链条的文化资源。这种文化资源具有特定主题，本身无法被直接消费，一旦通过二次加工获得了物质或非物质的载体，则转变为可以被个体消费者直接购买或体验的文化产品，从而为其所有者带来巨大的收益。②

网红 IP 尚无明确的概念界定。有论者认为：网红作为某一领域的 KOL，通过图文、视频直播等表明自己的价值观，为了能在这片红海中有一席之地，需要通过持续不断地输出优质内容来打造个性化的 IP，产生品牌效应。③ 还有论者在《"网红"超级 IP 的孵化探析》一文中将"IP 化"归纳为网红发展的未来趋势之一，进一步指出"网红 IP"是"网红"进入 IP 运营全产业链阶段所形成的网红 IP 化状态。④

本书将"网红 IP"的概念界定为：具备一定影响力的网红在内容生产与传播过程中能够二次或多次开发且能够实现商业变现的、具有独特内容与标识的文化资源；网红 IP 是网红个体或群体进行商业化运作的一种结果。

准确理解网红 IP，需要注意三个基本的维度：

一是内容上要细分并独具价值。网红 IP 拥有在细分领域独具特色的内容，并承载着一定的价值观。其核心，可以是一个故事、一个角色或者其他任何被用户喜爱的事物。比如罗振宇的"罗辑思维"，依靠生动有趣的视频，讲解历史、人文知识，给人以新的认知，倡导终身学习的理念。

二是传播上要跨媒介、跨领域。网红 IP 不会局限在某个平台，而是立足某个平台，不断跨界，延伸出新的内涵与定义。比如韩寒从作家到赛车

---

① 裘安曼. 从 IP 的中文翻译说开去 [J]. 知识产权，2010 (5)：65-70.

② 范天玉. 当代中国语境下的"IP"定义分析 [J]. 陕西广播电视大学学报，2019 (4)：88-91，94.

③ 崔旺旺. 从 ID 到 IP 化网红的市场发展研究：基于短视频新媒体分析 [J]. 市场周刊，2018 (9)：72-73.

④ 宋湘绮，黄菲菲. "网红"超级 IP 的孵化探析 [J]. 北方传媒研究，2017 (6)：42-46.

手，再到导演等，不断转型跨界。

三是商业价值上内容与广告的边界模糊。基于对网红的信任以及对其价值观的认同，广告与内容之间的边界已模糊。网红 IP 的存在使得内容即广告，广告即内容。正因如此，流量转换路径变得更加短暂也更有效率。

网红有个性化的人物设定，依托系统化、风格化的内容输出打造自身 IP 形象，从而有效吸引更多用户，获取更高的商业变现率。在此过程中，网红也逐步走向 IP 化。因而，打造网红 IP 是网红从增强吸引力向提高影响力转变的必然选择。

三、网红 IP 类短视频的界定

相比于网红类短视频本身，网红 IP 类短视频更为注重借助某一领域专业内容的垂直深耕，以及持续产出来获得"粉丝"青睐，以此真正打造出网红个人独特 IP 并获取流量，为后续实现流量变现奠定基础。

不过何谓网红 IP 类短视频？目前学界及业界尚未形成明确的概念。根据以上有关网红 IP 与短视频的相关概念界定，本书将网红 IP 类短视频概括为：由网红或其团队进行内容生产，具有强烈个人风格特征且具有一定"粉丝"群体，已经初步实现商业变现或具有一定商业变现潜力的短视频。通俗地说，网红 IP 类短视频是以短视频形式进行内容创作，进而实现网红 IP 化并凭借 IP 运营获取经济效益的一类短视频。

网红 IP 类短视频与通常意义上的短视频不同的是，视频拍摄主体是具有影响力的网红，并且网红会依托个人优势及团队力量来打造"场景化+规模化"的 IP 矩阵，在 IP 矩阵创建过程中注重从长远发展角度思考品牌体系的构建策略。因而，网红 IP 类短视频内容创作者能够在增强用户黏性的同时，有效保障"网红个人 IP"的健康成长，延长其发展周期。

理解网红 IP 类短视频离不开两组关键词。

第一个关键词是"流量+资本"。网红 IP 类短视频能够如此蓬勃发展并受到用户关注的原因之一在于这类短视频定位精准，并能够根据用户兴趣提供更具趣味性及实用性的短视频，从而获取流量。此类短视频离不开资本力量的支持，对于生产短视频的网红 IP 来说，流量至上，获取流量永远是资本变现的有效途径。当网红与资本结合，一起经营某些产品时，就会充分考虑"粉丝"的兴趣，从而实现变现，产生巨大的经济效益。需要注意的是，并非所有资本都会像直接投资 Papi 酱一样去直接投资网红，因为资本直接投资网红有着很大的风险，所以中间往往会出现一个经纪公司式的"网红孵化器"，也就是推手公司。对并非自带流量的网络主播而言，推手公司的资本注入，可为其逐步在短视频领域扩大影响力，以及获取具有黏性的用户提供支持。

与此同时，这类短视频在"流量+资本"支撑下逐步创新形式，部分短视频进行了再创作而形成了系列网红 IP 短剧，例如《万万没想到》《废柴兄弟》等，都以典型的非线性叙事为主，也十分符合网络用户碎片化观看习惯。①

第二个关键词是社交平台助力下的"品牌+网红"。对网红 IP 类短视频来说，要想借助网红的影响力使短视频在短时间内获取关注，离不开社交媒体的助力。支撑网红经济不断走强的核心因素依然是社交平台，不管网红背后的推手公司如何给力，最终都是通过社交平台来变现的。对于网红来说，品牌变现往往是网红升级后的变现之路，普通的网红很难实现。在短视频领域同样如此，为了能够使短视频在特定领域获取更大关注，网红首先要注意社交媒体的运用，其次才是打造自身品牌，助力 IP 化的实现。对于网红 IP 类短视频而言，"品牌+网红"模式能够有效提升网红在网络上的知名度和人气，并让一个新品牌在短视频领域被大众所熟知，并实现快速赢利。② 在社交平台助力下的品牌打造是网红 IP 类短视频快速获取关注的重要因素之一。

总结本节内容：网红在互联网平台上展演的形式多种多样，如游戏、声乐、体育、电影等。IP 开发空间不断扩大，进一步促进网红 IP 类短视频的迅速崛起，其基本特征日益显著，基本类型也日益丰富。

---

① 张健. 视听节目类型解析［M］. 上海：复旦大学出版社，2018：310.
② 孔令顺，宋彤彤. 从 IP 到品牌：基于粉丝经济的全商业开发［J］. 现代传播，2017（12）：115-119.

第二节　网红 IP 类短视频的类型特征

随着信息技术的发展及短视频创作门槛的降低，网红 IP 类短视频也逐渐呈现出"马太效应"，能够创作优质短视频的网红更具备打造 IP 及塑造品牌形象的能力。而网红 IP 类短视频能够在如此短的时间内迅速崛起，与其自身所具有的类型特征密不可分。

一、网红 IP 类短视频的类型特征

网红 IP 类短视频在当下呈现生机勃勃的状态，随着各大平台竞争加剧，其本身也在发生变化，逐步表现为生产主体人格化、生产内容规律化、传播渠道多样化、观看用户"粉丝"化等诸多特征。

1. 生产主体的人格化

通过对网红 IP 类短视频背后的生产主体进行分析，可以发现网红 IP 类短视频所具备的最为明显的特征之一是生产主体的人格化。所谓人格化是指赋予某种抽象的价值观念或其他无生命的事物人的性格、情感等，将价值观念或抽象事物具象化。

相较于资讯类、创意剪辑类等其他类型的短视频，网红 IP 类短视频的生产始终是围绕网红 IP 本身，并且是依托网红个人来形成传播中心，并由此逐步扩大传播格局。同时，网红 IP 实际上是凝聚着文化价值与经济价值的内容载体，在借助短视频进行内容传递的过程中，通过优秀、独特的视听作品在碎片化的时代广泛吸引用户进一步带来流量。再者，网红 IP 类短视频多采取人格化叙事风格，并以网红个人为核心来联结用户的情感需求，凭借网红本身具有的内在质素来体现出"粉丝"社群的情感属性，人格化叙事框架成为网红 IP 类短视频传播的主要策略之一。

此外，网红 IP 类短视频以个体构成传播中心进行内容生产的过程离不开参与式、体验式的文化互动。这样的互动不仅有利于网红形象建构的多

元化，还有利于激发优质网红 IP 所带来的商业模式的创新及商业变现。①
实际上，网红 IP 类短视频的持续走红其实是网红魅力的持续演绎，尤其是
在短视频创作类型趋向多元化且各类型各有侧重的情境下，网红 IP 类短视
频生产者更注重构建自身具有个性的情感属性或价值观念。

2. 视频内容的规律化

网红 IP 类短视频所生产或表达的内容具有规律化特征。纵览各大短视
频平台的各种类型的网红短视频达人，可以发现其生产的内容都有自身的
品牌定位，尤其是具备一定影响力的网红 IP，其在后续内容生产过程中均
打造了清晰的品牌定位。一个好的 IP 需要注重"内容"与"品牌"的属
性，而对于有核心创意内容及初步打造自身品牌的个人或团体而言，独立
进行原创 IP 的专业内容生产是一种较为常见的发展方式。在短视频领域，
网红 IP 类短视频品牌风格更为明确，也只有具备鲜明的风格才能够助力后
续规律型内容的生产，逐步提升网红 IP 类短视频在此领域的影响力，获取
用户红利和流量红利。

以网红 IP 类代表——"李子柒"为例，"李家有女，人称子柒"是李
子柒在抖音平台的自我介绍，其账号均以美食文化为主线，围绕乡村生活
的衣食住行及传统古朴的手工制作技艺为主进行内容创作，打造了自身独
特品牌特色。值得注意的是，李子柒具有强烈的知识产权保护意识，在短
视频生产之初便注册了"李子柒"品牌商标，明确了自身的短视频内容生
产的主要基调，也为后续生产同类内容，收获"粉丝"喜爱奠定基础。其
中，2017 年 5 月是李子柒系列短视频制作的分水岭。这一年，李子柒签约
网红孵化公司杭州微念科技，开始在团队支持下专心生产个人 IP 短视频。
纵览李子柒短视频策划与创作的内容，可以发现其内容取材于农村，展现
以李子柒为中心的日常劳作和休憩，比如下田插秧、种菜打药、砍伐竹子
制作最原始的劳动工具、打磨拉丝制作古朴的厨具和生活用品等。凭借其
短视频所呈现的田园诗歌般的生活吸引大批"粉丝"，李子柒所开设的淘

---

① 邹明霏，王烨烨. 新媒体产生的网红 IP 流量问题分析和对策研究：以抖音短视频为例
[J]. 产业创新研究，2019（9）：21-24.

宝旗舰店在 2018 年 8 月 17 日正式上线，其旗下的商品在短短的 4 天内获得总销量 20 万件的好成绩，远超过同类型、同规模的其他美食类旗舰店，这也是李子柒个人 IP 转化的第一次商业化变现。总的来看，李子柒的系列短视频均以其独具特色、高端化、系列化的优质内容而广受关注，这使其成为短视频内容世界中的一种最具商业价值的"现象级 IP"，其生产或表达内容的规律化特征值得进一步研究。

3. 视频分销渠道的多样化

网红 IP 类短视频与其他类型短视频最大的不同之处在于其短视频内容的传播渠道更具多样性。由于网红个人 IP 效应的体现，其所制作的系列短视频更容易依托忠诚度高的用户进行二次或多次转发，并借助不同平台及不同设备间的内容传递，吸引更多流量来进行高效变现。尤其是对于网络内容分发而言，短视频既是内容也是载体，其在拓展自身平台内容的同时也在吸引着用户的注意力，逐步形成了经济规模，也为流量变现提供多种多样的形式。

此外，网红 IP 类短视频跨平台跨设备渠道分发的特性，也离不开当前众多 MCN（Multi-Channel Network，多频道网络）机构的兴起。在 MCN机构大规模兴起之前，网红 IP 类短视频具有相对固定的产业链，基本借助内容生产者进行内容分发，得到用户反馈之后才能够获取收益。在 MCN大规模兴起之后，网红 IP 类短视频生产者可借助 MCN 机构给当前众多不同分发平台进行分发，借助多平台投放渠道在一定程度上促进网红 IP 类短视频的内容形式革新。

此外，MCN 机构与大量网红签约，而网红本身自带流量，其用户具有一定的黏性。这类由 MCN 机构支持的网红 IP 类短视频创作者能够得到具有精准化投放需求的广告主青睐。与网红 IP 合作投放广告可借助其大批"粉丝"在各大社交平台上进行二次分享，实现传播效益的最大化。

4. 视频用户的"粉丝"化

网红 IP 类短视频在生产规律化、人格化内容的基础上也获得了广泛的用户基础；网红与"粉丝"间、"粉丝"与"粉丝"间互动频繁，也有效推进了短视频领域网红 IP 化品牌的再次传播。

实际上，网红 IP 类短视频生产者要从短视频生产中获取商业利益，在增加"粉丝"数量的同时，还应当格外注重与"粉丝"互动的频率，从而有效依托"粉丝"的超平台属性提升 IP 影响力。对于网红来说，平台之间的联动较少，因此，需要凭借"粉丝"强大的互动能力来实现"粉丝"引流，从而引导内容在"粉丝"间的跨平台传播，真正让网红 IP 具备"跨平台"属性，引发更多人的关注。

能够与"粉丝"开展互动的网红往往具有"超平台"属性。这类网红 IP 类短视频的用户与流量不会局限在一两个平台。这类网红 IP 类短视频凭借口碑实现了网红 IP 化品牌的二次或多次传播。品牌的传播，不仅需要网红自身的能量，还需要"粉丝"的"口口相传"，以对网红品牌进行二次传播。"粉丝"向其网络社群的二次推介，甚至多次推介，是一种良性循环。如此周而复始，才能够在短视频领域强化网红个人品牌，提升网红 IP 类短视频传播力度。

二、网红 IP 类短视频的基本类型

自 2016 年以来，国内快手、抖音等移动短视频应用快速崛起，这一时期正是网络红人现象极其突出、各类红人辈出、商业化操作高度发达的时期。纵观快手、抖音等视频平台上的内容领域及用户的生产实践，网红账号既有名人明星类用户，又有大量的普通草根类网民。

结合以上网红 IP 类短视频特征分析，并按照网红 IP 从事的内容和领域对该群体进行亚类型横向划分，可以发现：网红 IP 类短视频大致有电商型、兴趣型、颜值型、知识型、教学型、美食型等几个基本类型（表4-1）。

表 4-1　网红 IP 类短视频的基本类型划分

类型	主要特征	典型举例
电商型	利用网红个人知名度开展电商营销	雪梨
兴趣型	围绕某一特定兴趣爱好打造内容的网红用户，所生产的内容体系具有 IP 属性	手工耿、运动吧少年黑皮、Papi 酱
颜值型	以俊丽外表引起关注打造个人 IP	冯提莫、温婉、丁真

续表

类型	主要特征	典型举例
知识型	以生产知识内容为主要手段，并逐步提升其网红个人影响力，形成所在领域的 IP	MrYang 杨家成、珍大户、罗振宇
教学型	侧重各类内容教学，通过观看短视频传授某种技能，逐步实现 IP 化	晓燕考研、"口红一哥"李佳琦
美食型	通过做美食、吃美食、测评美食等进行内容生产	密子君、李子柒

1. 电商型网红 IP 类短视频

电商型网红 IP 短视频主要是指利用网红个人知名度开展电商营销的一类短视频，侧重于网红内容生产与变现，目标指向电商品牌的曝光与销售。此类短视频的代表人物有雪梨等。电商型网红 IP 作为网红 IP 类短视频的"中坚"力量，能够最大限度实现网红资源的快速变现。在此类短视频策划与制作过程中，网红需要对商品设计及内容生产负责，而 MCN 机构则承担商品供应链运营和店铺管理。一方面从商家获得商品供应，另一方面借助短视频形式通过平台流量进行直播带货，是一种通过内容积攒流量，再通过电商营销将流量变现的途径。

2. 兴趣型网红 IP 短视频

兴趣型网红指基于某一特定兴趣爱好打造内容的网红用户，其主要题材多以健身、摄影、旅游、书法、游戏等为主。而兴趣型网红 IP 短视频则是在依托网红生产内容基础上的进一步垂直细分，以此逐步实现 IP 化的一类短视频。这类账号定位明确，目标用户清晰，主要是迎合目标用户的需求生产相应的内容，并且会通过打造不同的内容场景吸引"粉丝"，所生产的内容体系具有 IP 属性。代表人物有手工耿、运动吧少年黑皮和 Papi 酱等。例如，抖音 ID"运动吧少年黑皮"作为兴趣型网红的佼佼者，网红本人具有美国健身 ACE 认证、健身模特、国家一级营养师等资质，具有权威性和引导力，而其抖音短视频的所有内容都是基于自身爱好的知识分享，比如如何利用不同器械在不同的场景以正确的姿势健身。其制作的短视频内容迎合当下快节奏、压力大、碎片化时间多的用户偏好，仅用了 5 个月的时间便成功吸引 91 万"粉丝"。因而，可以看到，兴趣型网红 IP 短视频创作建立在创作者的兴趣爱好之上，同时又可以满足自身表达诉求，获得群体认同，在大批忠诚"粉丝"的追随下实现自身垂直账号的变现，实现经济效益最大化。

3. 颜值型网红 IP 短视频

颜值型网红指的是在抖音、快手等平台以"高颜值"走红的男女 UP 主，这类网红最主要的特征是有着姣好的外形条件，符合当下用户的审美标准。颜值型网红更加注重以俊丽外表引起关注，以打造个人 IP，进而产出大量颜值型网红 IP 短视频。例如，2020 年 11 月底以来，一个叫"丁真"的四川甘孜州理塘县男孩凭借 10 秒钟的短视频爆火，纯真的笑容、俊俏的外表吸引了众多网友。与其他一夜爆红的颜值型网红不同的是，丁真大火后并没有签约选秀公司或者参与直播赚快钱，而是与本地一家国企签约，做起了四川甘孜州理塘县这个 2020 年 2 月份才刚刚宣布脱贫的国家级贫困县旅游形象大使，签约后仅一周当地推出第一支唯美文化旅游宣传片。据统计，2020 年淡季 11 月甘孜机票预订量是十一旅游黄金周的 4 倍，丁真个人 IP 效益逐步凸显。

丁真走红短视频截图

4. 知识型网红 IP 短视频

知识型网红主要是指借助互联网分享知识的网红，往往具备某个领域的深厚专业知识。当"粉丝"积累到一定程度时，知识型 UP 主往往通过包装与运营，将自己打造成网红。其中，不少知识型网红借助短视频形式进行内容生产，逐步打造现象级知识型网红 IP 短视频。例如，"珍大户""米坨"和严伯钧等人都是抖音较为著名的知识型网红。广告主在与某网红达成合作意向之前，会分析该网红的"粉丝"属性是否符自身的营销需求，而知识型网红在这方面有着天然的优势。由于其"粉丝"黏性较高，且"粉丝"在某种程度上同质性较高,"粉丝"画像清晰,如"珍大户"的"粉丝"对经济学比较感兴趣,"米坨"的"粉丝"对办公技巧更感兴趣、严伯钧的"粉丝"对天文物理知识更感兴趣。如此一来,知识型网红在短视频平台更易打造个人 IP,也更受垂直品类的广告主欢迎。

5. 教学型网红 IP 短视频

教学型网红 IP 短视频更侧重于各类内容的教学,旨在使用户通过观看短视频学会某种技能,例如,美妆、做菜、摄影、外语、剪辑等。在此类短视频网红中,"晓燕考研"等诸多教学型网红将自身的知识储备在短视频平台进行展示,使用户通过观看短视频教学掌握某种技能,而这类短视频网红所产出的内容也正逐步体系化、产业化。

6. 美食型网红 IP 短视频

民以食为天,美食题材自然也就成为短视频创作的热门,美食类短视频主要是指以食品为主要题材,拍摄制作美食、品尝美食和推荐美食等相关内容的短视频。主要可以分为:烹饪美食、探店、测评和吃播等几大类。不难理解,美食类短视频的成功,必然会受到各路品牌广告主的热切关注,可谓极具潜力。例如,"日食记"系微博"十大影响力"视频栏目,全网累计播放量约 50 亿,"粉丝"超 1 000 万,逐步形成极具个人风格与特色的大 IP;又如,美食博主李子柒、密子君等。借助短视频跟美食的结合很容易创造高流量。此外,美食类 IP 短视频能带来更直接、更丰厚的经济回报。利用抖音、快手等拍摄短视频进行产品营销让不少企业收获颇丰,这些由美食型网红所拍摄的短视频迅速成为焦点,促使大量用户争相购买相关食品。

第三节 网红 IP 类短视频的策划与制作

网红 IP 类短视频策划有着独特性。本节将主要说明网红 IP 类短视频账号的定位策划、内容生产策划及运营分发策划三方面的内容,以求优化网红 IP 类短视频的策划与制作流程,"策之而知得失之计"。

一、账号定位策划

网红 IP 类短视频的账号定位策划主要是"为无边的世界划一个界限"。只有定位清晰、准确，才能在制作短视频时做到"有的放矢"，并对后续的短视频发展和推广起到推动的作用。没有明确的定位，"一头扎进短视频的海洋，这无疑是非常不理智的做法"。

1. 做好短视频用户画像

创作者在策划与制作网红 IP 类短视频时，不应一开始便思考采取何种方案进行内容策划与制作、采取何种策略拓展用户范围，而是应当首先思考：网红 IP 类短视频的"用户"是谁？如何最大限度将"用户"转化为"粉丝"？换而言之，在短视频策划环节，首先要对网红 IP 类短视频观看人群进行画像分析。

什么是用户呢？对网红 IP 类短视频而言，其用户便是众多网友。因而，为了实现从网红向网红 IP，甚至是超级网红 IP 转化，需要做好用户分析。在了解短视频用户的媒体使用习惯与洞悉用户特征基础上，才能够为后续短视频内容策划提供有价值的参考。

用户画像正是通过定位目标用户需求并联系用户诉求来为其提供相关服务的一种有效工具。对短视频用户进行调研能够为后期进行用户画像打下良好基础。短视频平台如抖音、快手、火山、B 站等都会利用智能算法向不同的用户推荐不同的短视频产品。于短视频创作者而言，明确自身所选择的目标市场的用户画像，有利于创作出更受用户喜爱的作品。因而，网红 IP 类短视频创作者应借助数据分析软件，如"火山引擎""神策数据"等分析自身账号的短视频用户，对用户的职业、兴趣爱好、产品偏爱度及产品使用习惯等进行数据汇总，逐步实现用户形象的标签化及可视化，这也同样可为后期调整自身账号定位、策划生产可持续内容等奠定良好基础。

具体而言，网红 IP 类短视频制作者在进行用户画像时，可将用户画像数据划分为静态数据和动态数据两类。

静态用户画像数据一般具有人口统计学的意义，比如用户的年龄、性别、受教育程度、职业等。这些信息通常相对稳定，部分静态用户画像数据经用户授权后可以从第三方数据库获得，也可以通过用户表单填写获得。

动态用户画像在当前短视频用户分析过程之中应用越来越广泛，它主要包括短视频用户在使用由内容分发者所推荐的产品过程中所发生的显性行为或隐性行为。这类行为对网红 IP 类短视频流量提升及影响扩大具有重要作用。显性行为包含对视频内容的评论、点赞、分享及对某位视频创作者的关注等；隐性行为包含持续观看视频的时间、退出视频的时间点等。

对于短视频创作者来说，关注用户画像数据可以明确自己的"粉丝"到底是哪类人，并借助对用户静态画像和动态画像的分析来获取相应数据，为后续网红 IP 类短视频内容持续生产、提升 IP 影响力提供重要依据。

2. 打磨好自身账号定位

一是确定变现方式。在网红 IP 类短视频创作者进行账号定位前应先明确变现方式，在充分考虑变现可能性的基础上考虑定位。变现方式可以结合产品信息、企业的商业模式、自己擅长的领域来确定。网红 IP 类短视频创作者应依托网红 IP 具体领域来进行专业化分析。例如，对美食型网红博主而言，后期可通过视频销售来变现；对于知识型网红博主而言，后期可借助优质课程销售来变现。

二是分析用户画像。明确本领域短视频变现方式后，需根据变现方式来确定目标群体。通常用户画像包括性别、年龄、产品使用习惯等方面，创作者可从这些方面分析用户消费习惯和消费偏好，通过对用户画像进行分析为后续打磨好自身账号定位提供数据支撑。

三是明确账号内容和形式。在明确网红 IP 类短视频账号的整体方向后，需进一步明确账号的内容和形式。具体而言，可分为主观分析与客观分析两大部分。

一方面，需要进行主观分析。第一，分析同类短视频账号内容对用户的吸引力。分析这种类型的账号是否受用户欢迎，参考已有的短视频来进行内容和呈现形式的设计。第二，分析同类账号优缺点。例如，通过分析同类账号的转化率和变现率来分析此领域内网红 IP 短视频账号是否有开设的必要。

另一方面，需要进行客观分析。第一，分析用户习惯。观察同类型账号近一两周作品的发布时间、发布频率，总结哪个时间段的流量最大，从而减少试错时间。第二，分析同类短视频账号差异点。无论是做什么类型的账号，想要获得用户的关注，就要打造差异化记忆点。观察与分析千万"粉丝"级的账号，会发现此类网红 IP 类短视频账号都有个体独特性，无法被简单、粗暴地复制，无法被他人所替代。例如，"李子柒"反映独特的田园牧歌式生活的作品难以被同类型账号所复制，其在短视频领域形成的网红 IP 效应难以被其他账号所超越。

四是细分定位。账号总体的定位确定后，接下来就需要细分定位。短视频账号的细分定位包括出镜演员的确定、人设的定位及打造等。人设的定位也是打造账号差异化的重要方法，就比如提起"集美貌与才华于一身的女子"，大家就会想起 Papi 酱。人设会给用户留下非常深刻的印象，因而，对网红 IP 类短视频账号而言，需要在策划环节就明确定位以打造网红形象，做好短期、中期乃至长期的网红 IP 化发展规划。

二、内容生产策划

波德里亚的"符号消费理论"指出，使用者倾向于接受有代表性的符号并对其赋值，从而习惯性地对其背后所蕴含的意义进行消费。[①] 对于一个爆款短视频来说，它所具备的符号表征是相对固定的。浏览量极高的短视频在通常意义上具有一定程度的可模仿性，正是这样可模仿的文化工业特征，为众多内容创作者提供了一条便捷路径，这也就进一步彰显内容策划的重要性。本书将从以下三方面对网红 IP 类短视频的内容策划进行分析。

1. 注重内容生产的 IP 化，扩大网红 IP 类短视频品牌辐射力

在网红 IP 类短视频制作环节，首先应当注重内容制作的 IP 化。通过塑造网红 IP 来逐步塑造用户所熟悉及乐于接受的形象，并以此作为短视频

---

① 张伟娟. 波德里亚符号消费理论研究［D］. 长春：吉林大学，2011：10.

的识别差异点，进而有效增强"粉丝"黏性，在扩大网红IP类短视频品牌辐射力的同时，持续"吸粉"。所谓短视频内容制作的IP化，主要是指短视频内容生产者要把基于知识产权的某一内容产品，进行多样化、多形态、多渠道、多媒体有效开发，在短视频生产与制作过程中紧密结合网红特质及基本定位来进行内容生产，并围绕网红IP所延伸的内容构建不可替代的产品壁垒。而在短视频内容生产的IP化过程中，根据网红个体特点来生产具有故事性的系列作品尤为关键，以通俗化、故事化的形式来打造IP短视频，并借助情节的起承转合来激发用户的期待。①

李佳琦有"OMG"之类的口头禅，华农兄弟常用"漂亮""中暑"之类的"梗"，以及李子柒给人以深刻印象的乡村田园景观。这些都是通过逐步形成的具有独特性质的识别点和具有趣味性的内容表达来达到吸引用户、加强用户黏性并塑造网红IP形象的目的。在此基础上，网红常通过系列内容的生产来达到线上创作与线下宣传推广相契合的目的，进一步推进"短视频+直播+电商+广告"的网红经济新模式的兴起。②

《办公室小野唱片机煎牛排，对没有灵魂的996说不》视频截图

此外，以办公室小野网红IP短视频为例，微博秒拍发布的创意美食短视频《办公室小野唱片机煎牛排，对没有灵魂的996说不》等系列创意视频让其备受关注。办公室小野作为IP短视频的后起之秀，其差异化内容创作将其推向大众视野并走向国际。在此基础上，办公室小野的幕后制作团队洋葱视频也开始进一步深化"办公室"场景，以"场景化"的方式推出"办公室家族"，以此拓展IP短视频矩阵，充分扩大网红

① 张健. 视听节目类型解析［M］. 上海：复旦大学出版社，2018：66.
② 徐照朋. 新媒体时代网红经济的内容创作：基于短视频形态的案例分析［J］. 西部广播电视，2020（3）：21-22.

IP 类短视频品牌的辐射力。

2. 注重内容生产的专业化，延长网红 IP 类短视频生命周期

在网红 IP 类短视频制作过程中，创作者还需要注重内容制作的关联性与专业性，应当在垂直类内容制作过程中生成网红 IP 类短视频标签，借助作品的垂直度来积累创作者的品牌。短视频内容的专业化输出更易产生专业化的内容，可叠加创作者自身品牌属性。坚持内容垂直能够增加推荐量。标签越精确，系统推荐用户就越准确。

在互联网领域，"得用户者得天下"。以 Papi 酱为例，其在系列短视频生产与制作过程中一开始便确定了自身定位，借助系列、专业短视频内容的产出深耕本领域，进一步借助 UGC 内容生产模式编织了一张巨大的信息网，在较短的时间内捕获了黏性较高的短期用户。与此同时，其在专业团队帮助下在短视频生产过程中充分将自身与用户融为一体，将用户所思所想以短视频的形式展现出来，其所生产的短视频在一定意义上可成为符号，用户在消费这些符号的同时也是在通过自己的理解识别、消化符号里蕴含的意义。随着短视频生产模式的日渐成熟，Papi 酱团队更为注重内容生产的专业性，后期严格采取了 PGC 生产模式来保证内容生产的高水准，为其个人 IP 短视频生命周期的延长提供了最基础的条件。

用户决定市场份额，Papi 酱就是不断革新内容让用户得到了良好的感官体验，从而延长网红 IP 类短视频生命周期。①

3. 注重内容生产的合规化，坚持网红 IP 类短视频价值引领

无论何种类型的短视频创作，都应当符合社会发展的需要。具体到网红 IP 类短视频创作中，同样要秉承社会主义核心价值观，创作符合主流价值观、主流文化的视频。互联网是通过网络媒介进行群体传播的情绪性媒体，各种社会问题与社会热点无时无刻不在影响网民的情绪。因而，在创作网红 IP 类短视频的过程中一定要注重内容的合规性，坚持正确的价值引领，善于通过短视频讲好中国故事，弘扬社会正能量。

---

① 黎映伶. 自媒体短视频类垂直内容深耕策略研究：以新浪微博用户"papi 酱"为例 [J]. 新媒体研究，2019（7）：82-83.

短视频创作不能与社会主义核心价值观相悖，应在合规的基础上，立足现实创作符合用户需求的高质量短视频。此外，合规性还体现在要学会在视频中讲好中国故事，做到弘扬社会正能量。这一点对于当前网红 IP 类短视频创作者而言至关重要，唯有在故事中坚持传播正确价值导向并据此生产有创意的网红 IP 短视频，才能获得良好反馈，并在短时间获得流量与品牌影响力。例如，通过李子柒的短视频，用户可看到中国美丽的乡村图景与女性自给自足的生活方式；通过华农兄弟的短视频，用户可看到真实的农村、农场及朴实的农民生活与有趣故事。

最后，在确保内容制作合规性的基础上，也应注重社会效益，这样才可以更好地得到用户的认同，并不断提升自身价值。在 2020—2021 年新冠疫情期间，众多网红与受疫情影响地区的相关人员进行了深度合作，借助直播卖货及短视频产品介绍等多种方式来助力抗"疫"。因而，在网红 IP 类短视频策划中要时刻注重内容合规性，并能够自觉承担一定社会责任，为营造良好的新媒体网红生态链，以及扩大网红 IP 影响力提供良好条件。

三、运营分发策划

处在新媒体时代的大环境下，短视频平台所特有的社交属性为品牌运营创造新的发展方向，持续强化用户对于网红 IP 品牌的自我认同，使网红 IP 类短视频的品牌价值得到凸显。

1. 品牌运营策划

面对激烈的市场竞争态势，网红 IP 类短视频行业更需要积极探索一套应对复杂商业环境的运营模式，实现运营上的突围，以便更好地贴合用户的需求。

（1）垂直深耕本领域促进品牌建构

以碎片化传播为特征的网络信息时代，内容不再是稀缺存在，但是优质化、专业化的内容仍旧稀缺。对网络用户而言，这是一个内容爆炸与内容稀缺并存的时代。而网红 IP 的核心特征便是生产基于独特情感或属性价值的内容，进而承载网红个人所主张的价值观。有自身明确定位并能持续生产专业内容是网红成为网红 IP 的必要条件。与此同时，网红 IP 在持续生产专业化内容时，也应通过垂直深耕来凸显自身与其他网红 IP 的差异，并且逐步凝聚调性相似的用户，满足用户细分需求，并将其从用户转化为"粉丝"，实现精准流量变现。短视频内容的关键之处在于调性，只有在创作过程中符合用户多方需求，并能够借助新奇有趣的方式加以呈现，才能够顺势打造长盛不衰的网红 IP，获取更多有潜力的、有价值的用户，并且有效降低用户成本，逐步向着超级 IP 方向发展。

（2）为了使用户"二次分享"要优化品牌战略布局

对于网红 IP 来说，其更为突出的特征在于借助"粉丝"进行口碑宣传，短视频一旦制作出来便会像病毒一样迅速传向成千上万的用户。又由于网红 IP 自带话题，借助话题讨论很容易产生跨平台、跨领域的影响力，而自带爆点的病毒式传播实质上是一种低成本流量的获取之道，借助"粉丝"口碑传播更容易强化流量聚合力，逐步形成以网红 IP 为中心的传播格局。

对于网红 IP 而言，依托用户间的二次分享来实现网红 IP 短视频内容的变现，形成高效流量聚合是这类短视频发挥影响力的关键。在当前社交媒体时代，网红在短视频制作过程中借助软广告等形式将广告融于 5 分钟之内的短视频中，并将短视频中呈现的商品销售链接植入视频下方，使得用户"所见即购物"，为网红流量变现提供良好土壤，也使得网红 IP 流量变现的链条更短、路径更清晰。例如，抖音平台具有影响力的网红 Mr Yang 杨家成，凭借良好的口碑在其"粉丝"间进行传播，吸引更多英语爱好者订阅。其短视频作品《为什么外语歌不能直接翻译成中文唱……》《祝福玩点新花样》等在为用户普及英语知识的同时，也在某些视频中插入英语辅导方面的广告，而后开设"抖音橱窗"，借助贩卖英语网课等培训资料实现流量的变现。

2. 渠道分发策划

新媒体时代渠道分发的多元性也为网红 IP 类短视频的渠道分发策划提供诸多思路。具体而言，本书将结合网红 IP 类短视频类型特点重点探究平台驱动及隔屏互动两种渠道分发的策划方式。

（1）借助平台驱动进行渠道分发策划

随着移动短视频行业迅猛发展，无论是抖音还是快手等平台在内容推广方面都已经有了较为成熟的分发理念，但是仅仅依靠用户及广告推广并不能起到持续的驱动作用。因而，对网红 IP 类短视频而言，制作者为构建更为稳定的内容分发渠道，应积极借助短视频平台间的相互驱动达成进一步合作，并在此基础之上有效扩大自身品牌推广力度，为促进网红 IP 类短视频营销奠定基础。

20 世纪 50 年代哈佛大学社会心理学家米尔格兰姆提出著名的"六度分隔理论"。根据这一理论，个体之间通过多种路径能够产生一定关系，而通过观看网红 IP 类短视频，也有助于将人与人之间的联系变得多种多样。不同平台之间存在着此类隐性的"强关系链"，用户很容易通过一个共有的热门 IP 在不同的平台搜索感兴趣的话题。网红 IP 类短视频的渠道分发策划，需要结合该短视频特点在不同平台形成关联与互动，这种形式有助于提高平台自身热度。此外，用户也可以在多平台上进行传播讨论，增强单个品牌的传播力度和效果，使网红 IP 类短视频的影响力最大化。

（2）借助隔屏互动进行渠道分发策划

当前短视频具有丰富的传播方式，多种渠道的参与形式有助于用户在观看过程中共享感兴趣的信息，用户逐渐成为社会传播中的重要一环，构建了隔屏互动良好局面。拉扎斯菲尔德等人曾提出"两级传播"原理，此原理在网红 IP 类短视频行业中的表现尤为明显。用户通过展示自己的才能或优势成为平台上的网红，收获大量"粉丝"，产生"马太效应"，其衍生的用户或"粉丝"也会通过转发、点赞及二次创作等形式与网红隔屏互动，从而改变单向的信息传播模式。

在网红 IP 类短视频渠道分化策划环节，策划者也应不断借助不同的短视频平台特点来进行内容生产，充分将"隔屏互动"的产生条件考虑在内，在提升用户娱乐体验的同时，增强网红与用户、品牌的黏合度。更为关键的是，这种形式也能够真正将"粉丝"逐层分类，在最短时间内最大限度地提升网红 IP 类短视频变现率。

第五章

草根恶搞类
短视频

◉ 案例 5.1　胡戈《一个馒头引发的血案》

中国"恶搞视频鼻祖"胡戈在 2005 年底制作的《一个馒头引发的血案》一直被业界认为是网络恶搞视频的一个里程碑。该短片将电影《无极》和中央电视台社会与法频道栏目《中国法制报道》的内容剪辑在一起，后期配以无厘头的对白和滑稽的视频片段，中间还穿插搞笑的广告。这部短片发布到网络后引起不小的反响，成为网络恶搞文化的开端，拉开了网络无厘头的序幕。

《无极》是导演陈凯歌转型商业片的试水之作，当时在国内宣传时号称耗时 3 年、斥资 3.5 亿，并且"瞄准了奥斯卡最佳外语片"，但影片上映后观众纷纷表示看不懂，看完也不知道导演想要表达什么，这部曾经扬言冲击大奖的"佳作"最终颗粒无收。

对电影《无极》大失所望的胡戈决定以该电影为主要素材制作一部恶搞短片，讽刺这部自我标榜过高，但实际空洞无物的电影。2006 年年初，有人将《一个馒头引发的血案》上传到视频网站并提供免费下载，随即该视频开始在网络上病毒式传播，最终成为一个里程碑级别的网络恶搞视频，也引发了陈凯歌和胡戈的"世纪纠纷"，至今还为人津津乐道。

◉ 案例 5.2　B 站网友恶搞蔡某打篮球事件

2019 年 1 月，蔡某成为 NBA 首位新春贺岁形象大使，这一消息遭到网上一众"虎扑直男"的强烈反对，他们认为蔡某的小鲜肉形象与篮球这种力量型的对抗性运动毫不相符。于是网友们开始了针对蔡某的恶搞狂欢，他们翻出蔡某参加《偶像练习生》时的一个运球视频，认为蔡某的运球姿势不标准，还自称篮球是其特长。这段视频被网友疯狂恶搞，还有人自己拍摄视频模仿他的动作，极尽讽刺。此后，除了恶搞其打篮球的视频之外，B 站还掀起了一阵恶搞蔡某的狂潮，越来越多的人加入这场恶搞行动。

在 B 站用户仍然沉浸在狂欢氛围中时，蔡某工作室在 2019 年 4 月 12 日联合律师机构声明 B 站侵权，但此后 24 小时内 B 站新增了 476 条恶搞视频。网友对于蔡某的"律师函警告"并不买账。后来蔡某在参加综艺节目时正面回应了此事，表示："以前我一直以为打篮球是我的特长，后来才发现只是爱好。"这样的回应方式似乎比律师函更容易让网友接受，这场恶搞闹剧也因此收场。

经常刷短视频的人，在 2020 年 11 月之前应该隔三岔五就能刷到"69岁才奉献出国内比武处女秀"、自称"浑元形意太极拳掌门"的马保国。在 5 月份的一场比武中，马保国在开场 30 秒内 3 次被搏击爱好者王庆民击倒，这让这场对决备受瞩目，甚至冲上了热搜；诸如"年轻人不讲武德，欺负我六十九岁的老同志""耗子尾汁"等金句，在年轻人中出圈，招牌动作"接、化、发""五连鞭"等，更是给网友们带来了无限的乐趣。甚至有 UP 主冒充马保国的弟子，创造了各种形式的"五连鞭"打法上传抖音、快手等。

随着互联网技术的发展，越来越多被称为"草根"的平民涌入网络空间，草根恶搞短视频便是其中一种。

第一节 草根恶搞类短视频的概念

对于"草根恶搞类短视频"这一概念，目前学界还缺乏明确的界定，但要说明这类短视频的独特内涵其实并不难。

一、何谓"草根"?

"草根"一词在陆谷孙主编的《英汉大辞典》里有三层释义：一是"群众的，基层的"，二是"乡村地区的"，三是"基础的，根本的"。"草根"这一说法源于 19 世纪美国淘金热流行时期，当时盛传有些山脉土壤表层、草根生长的地方就蕴藏黄金。后来"草根"一词被引进社会学，被赋予了"基层民众"的内涵。20 世纪 80 年代传入中国后，"草根"被赋予了更深刻的含义，并运用于各领域。一般认为它有两层含义：第一，一些民间组织、非政府组织等都可以看作草根阶层。第二，草根还指同主流、精英文化或精英阶层相对应的弱势阶层。

在互联网普及前，草根阶层面临着话语权力缺失，找不到合适的渠道表达自我的困境。有论者认为，草根阶层形成的直接原因是可行能力的缺乏①。美国思想家玛莎·纳斯鲍姆曾经对可行能力做过解释，认为可行能力不仅仅产生于个人内部，还产生于一种能够进行选择的机会。可行能力分为内在的可行能力和外在的可行能力，当人们已经拥有内在的可行能力，却没有好的社会环境和空间相匹配的话，能力依旧无法发挥。② 也就是说，草根阶层在长期以来孕育了具有自身独特风格的文化，具备了自我言说的能力，但由于没有良好的发声途径，他们的声音无法被听见。

互联网时代可谓草根阶层崛起的新时代。这不是偶然发生的事件，而是一个经历了从纸媒时代到广播电视媒介时代再到互联网时代的必然事件。在纸媒时代，草根阶层主要通过写作的方式来言说自我。电视媒介普及后，草根阶层开始不断活跃于荧屏。比如央视推出的《星光大道》《我型我秀》、湖南卫视推出的《超级女声》等草根选秀节目，使得一大批有才艺的、有个性的草根平民被更多的人所关注。到了互联网时代，互联网的低门槛使得互联网空间更具草根性，草根阶层可以在互联网空间自由表达观点和意见。

二、何谓"恶搞"？

"恶搞"又称"KUSO"，源于日本的 ACG（Animation，Comics，Games，动画、漫画、游戏）文化，在日文中的意思接近中文里的"烂"，后来传到香港等地被音译为"库索"，继而传入内地，被译为"恶搞"。恶搞通过对文字、照片、视频的移植、拼贴和修改，以调侃的形式表达对喜欢或不喜欢的人物、行为、事件的评价。"爱问"网站有网友认为，"恶搞"一词中的"恶"显然有"恶作剧"的意思，"搞"则有"搞笑"之意。网络恶搞是指网民以网络为平台，针对著名的人、事物、事件或作品，应用各种手段炮制出来的，违背常理、让人啼笑皆非的网络恶作剧。

---

① 陈瑶. 当代中国草根阶层流动的困境之思 [D]. 湘潭：湘潭大学，2017：11-12.

② 谭安奎. 古今之间的哲学与政治：Martha C. Nussbaum 访谈录 [J]. 开放时代，2010 (11)：91-104.

作为一种文化态度的恶搞早有先例。比如 1919 年，达达主义艺术家马塞尔·杜尚用铅笔给达·芬奇笔下的蒙娜丽莎加上了式样不同的小胡子，于是"带胡须的蒙娜丽莎"成了西方绘画史上的名作。在我国，鲁迅先生的《故事新编》也有不少篇章戏仿了《尚书》《道德经》《庄子》等经典。20 世纪 90 年代，王朔的"痞子小说"、电视剧《戏说乾隆》、周星驰的《大话西游》等具有一定的恶搞精神。

互联网赋予恶搞新的空间。2006 年，胡戈以其自制短片《一个馒头引发的血案》走红网络，将网络恶搞推向最早的高潮，成为网络恶搞文化发展的里程碑，其本人也被网友戏称为"中国网络恶搞视频之父"。继而产生了梨花体、李刚体、甄嬛体、淘宝体，以及铺天盖地的恶搞流行语和数不胜数的恶搞视频，开放性的网络空间提供了恶搞者寄寓和发挥的平台。网易科技 2006 年 8 月甚至发布了一个"中国网络恶搞终极排行榜"。

总的来说，网络恶搞主要通过戏仿、拼贴、夸张等手法，对那些被主流文化、精英文化视为经典、权威的人物、事物和艺术作品进行讽喻、解构、重组乃至颠覆，以达到搞笑、滑稽的目的，是一种亚文化现象。①

三、草根恶搞类短视频的界定

基于以上对"草根""恶搞"定义的界定，以及对于草根阶层、恶搞文化起源和发展情况的分析，我们可以发现网络恶搞的主要创作群体正是分布广泛的草根群体。短视频成为当下人们的主要叙事方式，草根阶层广泛涌入短视频创作领域，诞生了 UGC 的生产模式，草根恶搞类短视频有了更为广泛的创作群体和更加丰富的创作土壤。

众所周知，继图文之后当下短视频日益成为一种主流的内容呈现方式。比较热门的短视频平台有抖音、快手、B 站等。MobTech 研究院发布的《2020 中国短视频行业洞察报告》显示，抖音的用户大多为男性，年龄集中在 25~44 岁，多分布在新一线城市；快手的用户则以三线及以下城市用户为主。目前短视频市场格局逐渐稳定，形成了"南抖音、北快手"

---

① 王凯. 网络亚文化现象理论解析［D］. 重庆：西南政法大学，2010：16.

的两超多强的格局，也就是南方人更偏爱用抖音，而在北方快手比较受欢迎。与前两个平台相比，B 站的特色属性更加鲜明。B 站是国内领先的聚合类视频平台，以"90 后"和"00 后"为主要用户群体，是一个泛二次元文化社区；由于年轻用户居多，B 站也是一个恶搞视频的聚集地，年轻人在这一平台上充分发挥自己的才华和创作热情，对网络中各种各样的新鲜事物进行解构与重构。

基于以上讨论，本书对"草根恶搞类短视频"定义如下：所谓草根恶搞类短视频，即草根阶层尤其是年轻草根这一主要群体，以娱乐明星、影视作品、名人等为恶搞对象，本着反讽、娱乐、狂欢、戏谑等创作目的，在网络上搜罗丰富的视频素材进行二次创作，并灵活运用各种短视频制作技术，创作出极具个人风格的类型短视频。

四、草根恶搞类短视频的演进简史

尽管草根恶搞类短视频诞生和发展得益于 4G 技术支持下的短视频平台的发展，以及互联网的草根化和平民性，但其内核仍然沿袭了网络恶搞剧的反叛与娱乐精神。因而，对于这类短视频演进史的梳理，可以将被公认的"短视频元年"——2016 年作为分水岭，分为"前短视频时代"和"短视频时代"。"前短视频时代"的恶搞视频主要以时长在 30 分钟以内的微电影、短剧、短视频为主，多在视频网站上传播；"短视频时代"的恶搞视频是本章讨论的重点，指那些时长以秒计算，并在抖音、快手、B 站等平台传播的短视频。

1. "前短视频时代"的恶搞视频（2001—2015）

在短视频制作和剪辑技术还未下沉的"前短视频时代"，网络恶搞视频主要是由一些有专业背景、掌握了简易视频制作和剪辑技术的人创作，然后上传至各大视频网站如土豆网、优酷网、酷 6 网等供大家观看的。

从大事记的视角来说，2001 年制作、2002 年年初红遍网络的《大史记》系列剧是中国网络恶搞剧的源头。[①] 有了央视自制恶搞视频这一成功

① 张健. 视听节目类型解析［M］. 上海：复旦大学出版社，2018：306.

的先例，越来越多草根涌入恶搞视频创作的行列，抢夺原本属于专业人士的影视"制作权"。在《一个馒头引发的血案》蜚声之前，还有专业人士制作的恶搞电影，如冯小刚拍摄的《大腕》，草根网友制作的恶搞视频如2002年的"李毅大帝"写本纪；2003年的小胖PS图片；2004年的《后舍男生》、移动联通系列《网络惊魂》；2005年的《我在网络江湖的日子》、百度的"唐伯虎系列小电影"；等等。从2001年到2005年，这一时期的网络恶搞电影可以说是专业人士引领、草根网友跟风的时期，是初步试水并获得较好反响的时期。

2006年被部分学者和媒体认为是中国恶搞视频发展史上的关键节点。《一个馒头引发的血案》轰动全网，将全民创作恶搞视频的热情推向高潮，媒体的各类炒作和推动使得"恶搞"成为当年的最热门词汇之一，网络恶搞视频进入了蓬勃发展、遍地开花的大热时期。《一个馒头引发的血案》大火之后，胡戈的创作热情也持续高涨，陆续推出了《春运帝国》《鸟笼山剿匪记》《007大战黑衣人》《新闻联播系列短片》等。同时《一个馒头引发的血案》也带动了网友对商业大片的恶搞，继《无极》之后，《夜宴》《满城尽带黄金甲》《疯狂的石头》等大片也遭到网友的疯狂恶搞。

此后，网络恶搞视频的题材和形式更加多样化，除了对已有的网络视频素材进行剪辑和拼贴之外，也有自行创作剧本进行拍摄和制作的，甚至还有成立了专业恶搞工作室和团队的。如恶搞达人"叫兽"及其团队拍摄制作了多达二十几部的原创恶搞短片，还有如《太阳照常升起》被恶搞为《屁股血案》；《色·戒》被恶搞为四级考试中作弊学生与校方监察人员之间的斗争；用各地方言为经典影视作品如《泰坦尼克号》《越狱》《猫和老鼠》等配音，产生了幽默搞笑的效果。除了热门影视作品之外，只要是社会热点，都很可能被网友拿来恶搞，恶搞不仅仅是单纯的娱乐形式，还具有了更多的社会意义。

2. "短视频时代"的恶搞视频（2016年至今）

2015年工业和信息化部门向中国电信和中国联通发放经营许可，4G时代正式来临。有了技术的支持，短视频平台开始蓬勃发展，短视频的上传下载变得更加便捷，其时长也由几十分钟变为几分钟甚至是几秒钟，由此发生了一场"短视频革命"，人们正式进入了"短视频时代"。2016 年之所以被称为"短视频元年"，正是由于在新技术背景下视频概念被重新定义。

自 Papi 酱爆红之后，越来越多的草根平民进军短视频领域瓜分流量，在美食、美妆、健康、运动等领域都涌现出一批批优秀的短视频博主，甚至衍生了一批 MCN 机构，专门包装不同风格的短视频博主。技术的零门槛也打破了以往由专业人士垄断影视创作行业的局面，使恶搞短视频以草根创作为主。

这一时期的恶搞短视频更加碎片化，不太注重完整的叙事逻辑，眼球效应成为恶搞短视频追求的目标之一。比如一系列"电梯电梯等等我"的尬舞视频在网络疯传，视频里的年轻人，或是几个人一起在电梯里蹦蹦跳跳，或是伸出手脚阻止电梯门闭合，或是在电扶梯上逆行，甚至进行劈叉……为拍恶搞视频博流量，武汉一对情侣用动物粪便和人的粪便搅拌混合，制成粪水，趁人不备，泼向无辜路人。2019 年 6 月 30 日晚，市民周女士在汉阳十里铺地铁站出口不幸中招。汉阳民警随后抓获二人，查证作案五起，以涉嫌寻衅滋事将二人刑拘。这些视频里的内容已经脱离"恶搞"范畴，是违背社会公俗良序的恶行，社会和公众都应加以谴责！

另一方面，当前的恶搞短视频领域"同质化"现象较为严重，同一恶搞题材或恶搞方式往往造成一窝蜂地跟风、模仿，直到这个题材或恶搞方式被"榨干"。从十几秒到几十秒长短不等的短视频，表面上简单易行，其实优质短视频内容的门槛还是非常高的。PGC 本来就稀缺，高质量的 UGC 也是可遇不可求，原创能力的严重不足成为目前短视频各个平台内容同质化的主要原因。

第二节　草根恶搞类短视频的类型特征

草根恶搞类短视频题材类型多样，且不同创作者的风格也不尽相同，因而对这类短视频进行划分可以使初学者对网络中浩如烟海的恶搞短视频有一个清晰的认知和把握。但目前对草根恶搞类短视频还没有统一的类型划分与说明。基于对不同短视频平台的草根恶搞类短视频的考察，本书先说明草根恶搞类短视频的类型特征，再从恶搞对象着手对其进行具体的类型划分。

一、草根恶搞类短视频的特征

前面的讨论表明，草根恶搞类短视频从文化态度方面来讲，带有对既定形象、秩序、认知、判断或价值观的调侃、嘲讽，这决定了该类视频具有比较鲜明的特征：恶搞原材料的丰富性、现实性及题材内容的易消耗性。

1. 恶搞视频素材的丰富性

互联网的开放性、匿名性和草根性使得所有用户都可以在各大网络社区挖掘自己所需要的素材，或者也可以利用软件自行创作素材，让自己的恶搞短视频内容更加丰富，形式更加出彩。如前文提到的，网友在关于蔡某的恶搞视频创作中就用了蔡某在参加《偶像练习生》这档选秀节目中自我介绍的画面，将其打篮球的画面截取下来，也有网友将蔡某的脸抠图之后覆盖到著名电视剧《还珠格格》中的人物紫薇的脸上，选取的是紫薇被容嬷嬷扎针的那一段戏。由此可见，对于同一个人物或者同一个画面，不同的创作者可以再生产出风格各异的短视频来。

在具体的视频生产与创作中，草根恶搞类短视频某种程度上可以省去脚本编剧、演员表演及拍摄等流程，直接进入视频创作的后期剪辑、配音、加字幕和音效等环节。特别是以 B 站为代表的短视频创作社区，不仅为恶搞短视频创作者提供了发布平台，也为其提供了丰富的视频素材。

正是由于这种易得性，在网络中广泛传播的这些恶搞短视频常常引发著作权纠纷、名誉权损害等问题。笔者认为，尽管恶搞短视频以搞笑、娱乐为主要目的，但必须在明确著作权、名誉权等前提下有限度地进行创作。尽管互联网为每个人创造了自由、平等的创作空间，但自由并不意味着肆意妄为。如果"恶搞"变成了真正的作恶，那也会失去"恶搞"原本的市场。①

2. 恶搞内容反映社会现实

"恶搞"顾名思义，恶意搞笑，但正所谓喜剧的内核是悲剧，恶搞短视频也不例外。创作者们费尽心思地逗笑用户，表达出那些无法直接表露的内心期盼。

面对现实的压力，网民们选择以调侃、戏谑、恶搞的方式在网络虚拟空间"仪式化"缓解。另外，我国大多数文化作品倾向于宏大叙事，这些作品在内容和风格上存在雷同之处。为了对一些假大空作品进行反讽，网络恶搞应运而生，网友们迫切地想要展示个性、解构经典、颠覆权威。可以说，网络恶搞产生于结构性压力，其目的就是对这些压力进行幻想式消解。②

被网友称为"恶搞短视频之父"的胡戈早期曾对新闻联播进行恶搞，这一系列短视频模仿新闻联播主播的口吻，以群租房为背景，对该群租房内发生的趣事以严肃庄重的语气报道出来，这样形成的反差效果使得用户不禁捧腹大笑。值得注意的是，胡戈在这些短视频中反映了当时的一些社会问题，比如大学毕业生为逃避现实问题沉迷于网络游戏等。

随着短视频制作门槛的降低，网络上存在以视频形式来宣泄内心不满情绪的现象，任何让网友感到不舒服的事物都可能被拿来当成素材进行恶搞。前几年，演员成某为霸王防脱洗发液拍摄广告，在接受采访时表示这款洗发水自己用了效果确实很好，镜头里的是他自己的头发，没有加特

---

① 胡雪婷. 网络恶搞之侵权分析：由"duang"事件引发的法律思考［J］. 法制博览，2015（11）：124-125.

② 赵陈晨，吴予敏. 关于网络恶搞的亚文化研究述评［J］. 现代传播，2011（7）：112-117.

效。网友将这段视频剪辑拼贴后的版本是：这款洗发水里面没有中药成分，都是化学成分，头发也是后期加了特效才变得很黑很亮。这些恶搞视频也使成某在采访时为了强调洗发液的效果而发明的新词"duang"成为当年的网络热词之一。这些视频讽刺的是当下很多洗发水厂商打着防脱固发的不实标签，请知名人物来代言，增强广告效果，但产品实际使用效果不佳，名不符实的现象。

3. 回报率高但生命周期短

为了获得较高关注度，恶搞短视频一般会被投放于用户活跃度较高、流量较大的短视频平台。中国互联网络信息中心发布的第 46 次《中国互联网络发展状况统计报告》显示，截至 2020 年 6 月，我国短视频用户规模为 8.18 亿，占网民整体的 87%。短视频用户基数庞大，使得恶搞短视频有了一经发布便成为"爆款"的可能。不论是影视作品、娱乐明星还是名人，这些恶搞对象本身就是自带热度和话题的，因而有关这些恶搞对象的热点话题或负面特征会给恶搞短视频创作"预热"，使其以低成本获得高回报率。

然而，在任何一个短视频平台，作品都有这样一个传播规律：回报率高但生命周期短。这可以用创新扩散理论来解释。埃弗里特·罗杰斯的"创新与扩散理论"认为，一种新观念、新事物、新产品的采用，可以分为四个环节：知晓、劝服、决定、确定。此过程"通常是呈 S 形曲线的，即在开始时很慢，当其扩大至居民（用户）的一半时速度加快，而当其接近最大饱和点时又慢下来"①。

草根恶搞类短视频的传播靠的是"眼球效应"，一旦用户的注意力被转移至其他更新鲜的事物，某一"爆款"恶搞短视频的热度会迅速消退。另外，由于恶搞短视频的素材多取自于现有视频，通过"戏仿"和"拼贴"的手段进行二次创作，因此可以认为恶搞短视频具有寄生性。网络恶搞作品的母体是影视作品、媒体事件、社会热点等，在此基础上进行再创作，因此它需要考虑接受者现有的认知结构并配上必要的"注脚"才能够

---

① 郭庆光. 传播学教程［M］. 北京：中国人民大学出版社，1999：198.

实现对母体意义的解构。① 正是由于这种寄生性，恶搞短视频的热度会随着其母体热度的消退而消退，互联网内容更新迭代的速度和网民有限的注意力决定了草根恶搞短视频回报率高，但生命周期短的特性。

二、草根恶搞类短视频的分类

本书试图从恶搞对象着手来对草根恶搞类短视频进行具体的类型划分，大致分为影视作品、娱乐明星、社会名人和普通民众。目前网络中被恶搞得较多的是前三类人群，普通人相对于社会名人来说其知名度和关注度不够，一些火爆的网络恶搞短视频也正是利用了这些被恶搞对象在社会上的影响力，使短视频在制作出来时便具备了被关注的天然属性。

1. 影视作品类恶搞短视频

网友对影视作品的恶搞由来已久。2005 年，胡戈以一个"小馒头"开辟了影视作品恶搞的先河，此后类似的恶搞作品以不可阻挡之势攻占网络空间，观看影视作品恶搞短视频成为人们茶余饭后的娱乐之一。2016年，对电视剧《亮剑》的主人公李云龙进行恶搞的短视频风靡网络。这部电视剧讲述了主人公李云龙在经历了抗日战争、解放战争、抗美援朝等战争后始终坚守军人本色的故事。该剧 2005 年在央视首播并获得了较高收视率，因而获得了较高的知名度，并在各大电视频道反复播出。10 多年后，"李云龙"这个名字不再局限于正剧中大义凛然的革命军人形象，有时被"改造"成和"老板"斗智斗勇但屡战屡败的"小人物"形象，这一人物被各路网友恶搞为各种版本。

除了《无极》《亮剑》，"90 后"所熟知的《还珠格格》《情深深雨蒙蒙》《回家的诱惑》等也相继成为恶搞的对象。这些被恶搞的影视作品都有一个共性，就是知名度较高，关注度极高。影视作品被恶搞可以说是出于网友娱乐休闲的心理需求，但背后的深层原因值得探究。

第一，草根阶层反叛意识的觉醒。大部分影视作品恶搞短视频决不是为了恶搞而恶搞，从这些作品中可以窥见的是草根文化对主流精英文化的

---

① 任中峰. 网络恶搞的传播学分析 [D]. 南昌：南昌大学，2007：20.

反叛。在传统媒体时代，掌握着绝对优势资源的导演负责将影视作品拍摄出来，用户需要做的就是走进电影院或打开电视机观看，看完了拍手叫好就行。那个时代是文化精英独占鳌头而草根沉默无声的时代，文化精英可以对反对、质疑的声音视而不见。如今，普通的草根阶层由被动转向主动，开始对所谓正统的文艺作品发表自己的观点，提出自己的质疑。互联网技术的发展和视频制作技术的进步使得这些观点和质疑有机会在网络空间中呈现出来，并通过病毒式传播触及越来越多的草根平民。

第二，文化精英阶层垄断地位的消解。在中国的影视行业，大片往往都是由占据资源优势的专业团队集资数千万甚至上亿来制作完成，这样，有限的投资涌向少数文化精英，由他们来决定所谓"票房神话"。但近几年的趋势是，资本不再像以往那样汇聚到少数"寡头"手中，而是分散到各个领域。短视频的发展催生了 MCN 机构，这类机构负责吸纳各种类型的优秀短视频创作者，他们可以充分施展自己的才华，创作出风格独特的短视频作品。比如 Papi 酱所拍摄的时长仅几分钟的短视频就能带动几千万的投资，商业价值巨大。这样的局面意味着传统媒体时代文化精英垄断资源的局面已经成为过去式。对文化精英而言，这意味着巨大的挑战，他们现在要和草根阶层公平竞争，做得不好就得接受批评和指责。

总的来说，影视作品被恶搞尽管是娱乐搞笑使然，但也反映了用户审美趣味的提升和批判意识的觉醒，影视作品的传播不再是单向输出，草根阶层的质疑声不断促进文艺作品质量的提升。

2. 娱乐明星类恶搞短视频

娱乐明星有着相较于其他领域内名人更高的曝光度，甚至是一举一动都暴露在聚光灯下，因而举止行为"出错"的概率更高，被恶搞的可能性更大。娱乐明星类恶搞短视频的创作主体是 20 世纪 90 年代出生的青年群体，尤其是出生于 1995 年后、2010 年前的 Z 世代人群。他们是互联网的原住民，深谙短视频创作和互联网传播之道，长期停留于 B 站等年轻人集聚的网络文化社区，同时他们也是关注娱乐明星的主要群体，热衷于在网络社区表达自己对于某一明星的喜爱或厌恶之情。在他们看来，娱乐大众是娱乐明星的本职工作，娱乐明星就应该牺牲一定的个人隐私，并忍受轻微的名誉损害。

如今，很多娱乐明星都开始走"黑红"路线，"黑红"不是靠自身实力赢得大众喜爱，而是借被大众愚弄、恶搞之机扩大知名度的一种现象。娱乐明星类恶搞短视频的兴盛得益于近些年来我国影视娱乐行业的蓬勃发展。这为网民大规模的恶搞创作提供了基本的生存土壤和可用的视频素材。[①] 从现实角度来看，极少数恶搞是出于对明星的喜爱，更多的恶搞是讽刺其业务能力不佳或"德不配位"。中国娱乐行业的现状是，娱乐明星享受着"粉丝"的狂热追捧，做着相对轻松的工作，却有着比常人高出几十倍甚至上百倍的收入，这就让一部分人感到不公平。如果某明星的业务能力达不到他们的预期，就很容易被他们以戏谑的方式进行恶搞。例如，在前些年火热的演技类综艺节目《演员的诞生》中，演员欧阳娜娜就因其浮夸的演技、狰狞的表情而被网友恶搞。其中一句台词"妈已经走十年了"被网友改编成"蚂蚁竞走十年了"，通过特殊的剪辑手段和语音处理方式对这句话重复、渲染，以达到恶搞、洗脑的效果。

3. 名人类恶搞短视频

近年来，互联网的发展提高了信息的公开度和透明度，许多知名人物纷纷走下神坛，有关名人的绯闻成了人们茶余饭后津津乐道的话题，热衷于恶搞、逗乐的网友开始大展身手，以名人出席活动、接受采访等的画面为素材进行二次创作。

在国内，比较常见的是对于商界名人的恶搞。2015 年，小米公司董事长雷军在印度出席小米手机发布会时，因英语口语不太流利，在台上表现得比较紧张，将"India"说成了"China"，还说了一句中式英语"Are you OK?"这一段画面迅速被敏锐的网友关注，然后相关的恶搞短视频迅速在网络中病毒式传播。这条短视频通过后期制作，将雷军的话变成了说唱。"哈喽""3Q""3Q 为麻吃"，这几句"蹩脚"的英语经过网友的后期制作变得非常魔性，这条短视频迅速火爆，甚至成为雷军的一个标签。

---

① 赵子薇. 青年亚文化视角下恶搞短视频研究：以明星类恶搞为例 [D]. 南昌：南昌大学，2020：29.

对于自己被恶搞这件事雷军本人毫不避讳，多次在公开场合提到，也自嘲说自己"英语确实不好"，这样的态度反而使其在人们心中的好感度提升。给人们展现出来的信息是，名人和普通人一样也有缺点，有缺点就承认，这没什么大不了的。对制作恶搞短视频的网友来说，他们的恶搞不仅没有令恶搞对象生气，反而获得了肯定，这种"意料之外"的反应也更可能使其对恶搞对象的印象有所改观。而这对小米公司和雷军本人来说，是一次提升公司和自身知名度的机会。结果也确实如此，经过这样的恶搞，小米公司在青年消费者群体中的知名度显著提升，雷军也成为一名"网红董事长"，甚至可以直接作为代言人来代言自家的新品。

第三节　草根恶搞类短视频的策划与制作

相比其他类型的短视频，草根恶搞类短视频的娱乐性较为突出，因而对于此类视频的策划更需慎重，谨防陷入"娱乐至死"的泥潭。在公众的话语权被自媒体充分赋权的情形下，如果恶搞无下限，一些重大公共事务很可能会像波兹曼所说的那样"以娱乐的方式出现"，人们不再关心公共事务本身，而是想着如何以娱乐的方式去调侃、对抗和解构它。因而，对于草根恶搞类视频的策划，娱乐的内核不能丢，但还是要秉着"内容为王"的原则，在用户定位、选题策划、内容策划等方面遵循一定的原则，使其不仅仅是娱乐。

一、用户定位策划

在正式开始策划短视频选题和内容之前，策划者需要有一个明确的用户定位，方便后期选择投放平台。草根恶搞类短视频本身属于青年亚文化的一种，因而其用户也比较固定，以 18~35 岁的中青年为主。根据益普索咨询发布的《2020 年短视频白皮书》（以下简称《白皮书》），娱乐休闲类短视频是用户在短视频平台浏览最多的内容，"解压放松""打发空闲时间"是用户浏览视频的最主要目的。主打搞笑、幽默、讽刺的作品是主力军。恶搞类短视频满足了用户的娱乐休闲、解压放松的需求。创作者可以充分抓住这一点，再结合自己的创作想法，勾勒出清晰的用户画像。

《白皮书》还显示，在大众化用户阵营和垂直用户阵营两大阵营中，小红书、B 站、美拍和秒拍是较为年轻化的垂直化阵营，"年轻化"和"垂直化"的短视频市场正是草根恶搞类短视频应该主攻的方向。"垂直化"简单来说就是在某一细分领域进行内容深耕，形成自己独有的特色"标签"。例如，某博主今天发布了恶搞短视频，明天又发布了美食短视频，这就是没有做好内容垂直化管理的表现。短视频创作者要想被人记住，就应该尽快固定住自己的内容风格和用户群体，凸显自己的特点，提升辨识度，这样才能将自己的内容做好、做强。

二、选题策划

选题是任何类型短视频策划的关键环节。草根恶搞类短视频作为一种娱乐性质鲜明的青年亚文化，其选题首先要应该要有"底线"。观察网络上的一些"爆款"恶搞短视频，有的紧跟时事热点，有的将以往的视频进行二次创作，内容题材多种多样，剪辑手法千奇百怪，有些视频甚至火得没有由头，毫无规律可循。但有一点可以明确，即这些恶搞视频在娱乐大众的同时能够引起公众的反思和讨论，并且在选题上不至于触碰法律或者道德的底线。草根恶搞类短视频的选题要遵循国家的法律法规，同时兼顾道德方面的要求，不恶意亵渎经典，不故意哗众取宠，不执意反叛主流。只有以此作为底线，恶搞短视频的创作才具备制作和传播的价值。

在恶搞圈，最常被当作恶搞对象的是娱乐明星。大部分人认为，娱乐明星既然享受了被众人拥戴的光环，就必须承担起娱乐大众的责任，因此对于娱乐明星的恶搞，再怎么过分也不为过。网友对娱乐明星的恶搞，再怎么丑化也不至于招致公众的反感，大多数人都是作为围观群众一笑了之，但如果恶搞经典，丑化英雄人物，就是逾越了底线，丧失了起码的道德良知。

2018 年，由人民音乐家冼星海谱曲、光未然作词的《黄河大合唱》在网络上被频频恶搞。该音乐的歌词被篡改成各种版本，先后被多家机构以幽默滑稽的方式恶搞。2014 年 4 月，在东方卫视《笑傲江湖》的一期喜剧真人秀节目中，参赛选手伴着《黄河大合唱》的背景音乐，做出一些夸张、另类的肢体动作，当时这段表演引得现场四位评委大笑，并获得全票通过；2017 年 1 月 12 日上传的一段"熊猫明历险记剧组"新年晚会视频里，《黄河大合唱》被篡改成了"年终奖"版，表演者戴着熊猫图案的帽子唱道："年终奖，年终奖，我们在嚎叫……"

《黄河大合唱》被恶搞引发创作者后人和公众的强烈不满，多家主流媒体纷纷发表文章批评该现象。人民网的评论指出，娱乐有边界，恶搞分对象，并不是所有娱乐都该鼓励，更不是所有的元素都可恶搞，强调绝不做亵渎祖先、亵渎经典、亵渎英雄的事情，必须对恶搞经典说不。冼星海的女儿冼妮娜表示："父亲是用血和泪写的这部作品，代表我们中华民族之魂。严肃的音乐不可以这样来调侃，他们来恶搞，我觉得是忘本。"

经典文艺作品之所以经典，是因为它承载了中华民族优秀传统文化，发扬了优秀民族精神，是广大人民群众所共有的精神财富，亵渎经典是对民族精神和民族文化的严重伤害，是为国家和人民所不齿的。《黄河大合唱》被恶搞并形成一阵风潮，这是创作者在选题上没有底线思维的体现，既没有厘清娱乐和经典文艺作品的边界，又没有评估该恶搞行为可能带来的严重后果，一味地追逐娱乐效应，做了恶搞短视频选题和传播的负面示范。

三、内容策划

有了明确的选题，这还只是第一步，更重要的是内容。在流量至上、碎片式阅读的互联网空间，各路媒体、自媒体纷纷入场瓜分流量和分散注意力，把稀缺且分散的注意力集聚起来，是对所有短视频创作者的一大考验。本书认为，不仅是主流媒体要坚守所谓的"内容为王"，这一策略对短视频创作者也很重要，因为用户除了娱乐休闲，还希望看到更多有内涵有深度的东西。草根恶搞类短视频要想达到深入人心的效果，就要不断运用魔性、"鬼畜"的背景音乐和丰富的剪辑手法，这样很容易导致创作者在创作过程中重形式而轻内容。从用户反响出发而非从内容本身出发，也许能创造出"爆款"，但其产物也会像大部分恶搞短视频那样具备如上一节所述的"回报率高但生命周期短"的特征。

实际上，对于内容的注重，能延长恶搞类短视频的生命周期，但要做到既吸引眼球又有深度并非易事。创作者要从很多方面考虑，比如什么样的内容适合拿来恶搞？怎样使原本不搞笑的内容变得搞笑？恶搞程度怎样才称得上适当？综观网络中的恶搞短视频，大部分都是无伤大雅的恶搞。适度的丑化能收获更好的传播效果，原创的故事情节也是如今恶搞市场的一大卖点，这体现了不同创作者的创意点所在。因而要提升草根恶搞类短视频的内容可看性，可以从"适度丑化"和"原创情节"两点着手。

1. 适度"丑化"

审丑，与审美相对，是近年来不断被公众讨论的热词。近几年来，随着短视频的兴盛形成了一种"审丑文化"奇观。审丑文化迎合了当下人们在快节奏生活之下寻求刺激、猎奇的心理。人们希望在与主流审美文化相对抗的审丑文化中获得满足感和认同感。在当下的媒介环境中，审丑多与"泛娱乐化""低俗化"等负面词汇联系在一起，主流观点对其持有怀疑、批评甚至抵制的态度。本书认为，审丑与审美其实是殊途同归的，都是通过对某事某物的欣赏来愉悦身心。只要不突破法律和道德的底线，不为了迎合用户的猎奇心理而刻意扮丑，审丑在一定程度上是可以被接受的。"审丑文化"研究应该是一门包含古今中外审丑理论和"丑的艺术"作品创作的学科。可以说，审丑同审美一样博大精深。① 这其实是从艺术学科的角度对审丑文化下了定义，认为丑与美一样应该被社会所接纳。

将艺术视角下的"审丑思维"运用到恶搞短视频的创作上，即通过适度丑化恶搞对象的某一特征，创作出与该对象原本形象相违的形象，从而形成一种反差，但不至于对恶搞对象本身造成伤害，反而能使其"出圈"（知名度变高，不止被"粉丝"小圈子所关注，开始进入大众视野），获得更多人的关注和喜爱。这里的丑化更多地带有滑稽、搞笑的意思，并不上

---

① 何亦邨. 中西方"丑的艺术"的隔空对话：审丑文化也应当是一门独立的艺术学科 [J].
东南大学学报（哲学社会科学版），2013（S2）：106-113.

升到对人的身体或事物的特质的恶意丑化。亚里士多德将滑稽当作"丑"的一种表现形式:"滑稽的事物是某种错误或丑陋。"因而,恶搞短视频的"丑化"可以理解为对恶搞对象所表现出来的滑稽、反差行为的放大。例如,对于小米公司总裁雷军的恶搞就是借其英语水平的不足与其作为国际领先科技公司总裁的反差来对其进行"丑化",结果恶搞短视频并未使雷军的名誉受损,反而成为其出圈的"代表作"。可以说,在短视频的创作上,对审丑艺术的善用,比所谓的"美"更能深入人心,更能吸引眼球。

2. 原创情节

如今短视频平台上普遍存在的一个问题是同质化现象严重,存在各种模仿、抄袭的情况,同质化之风使得原创性变得难能可贵。对于恶搞短视频来说,同一个恶搞素材可以由不同的创作者进行创作,因而也会衍生出各种不同的版本来。但大多数的恶搞视频难免流于俗套,真正因原创度高而出名的少之又少。不得不说,书籍也好,影视作品也好,原创才是王道,抄袭必然招致公众的唾弃,草根恶搞短视频也不例外。有创意的恶搞才是成功的恶搞。

第六章

情景短剧类
短视频

◉ 案例 6.1 《不过是分手》

《不过是分手》是投放于搜狐视频的系列情景短剧。第一季第一期于 2018 年 5 月 3 日上线，5 月 29 日正式完结，共计 30 个视频。第二季第一期于 2019 年 5 月 16 日上线，6 月 19 日正式完结，共计 69 个视频。这一系列情景短剧由深圳天眼影视公司制作，每集 3 分钟左右，在抖音平台上被切分为 1 分钟以内的片段。该剧主要以都市年轻人的爱情为主题，例如，第一季主要讲述了男主角陈思贤和女主角李斯羽这对情侣的爱恨纠葛，其中既有穿越的玄幻元素，又有通过科技控制人的意识等科幻元素。剧中核心演员较为固定，情景多安排在男女主角居住的屋子中，也穿插一些外景。整个剧节奏很快，伴随着剧情的多次小高潮向前推进，并且最后在结局处来了一个出人意料的大反转。

情景短剧《不过是分手》　　抖音"匆公子"

◉ 案例 6.2 抖音"匆公子"自制情景短剧

"匆公子"是抖音上较为典型的自制情景短剧发布者。他于 2019 年 10 月 21 日上传了第一个视频，截至 2021 年 7 月已有 174 个作品，并已吸引 1 151.8 万"粉丝"。"匆公子"为自己打造了一个霸道总裁的人设，在视频中常以帮助别人的角色出现。在他发布的第一个视频中，一个清洁工阿姨休息时不小心将自己买的包子放在了一名女子的豪车上，遭到了女子的刁难，"匆公子"制止了女子，并表明了自己是她将要去谈项目的公司老总。总体而言，"匆公子"的情景短剧几乎一集就是一个独立的故事，视频风格轻松诙谐，所传达的内容也较为正能量，比如呼吁关爱社会弱势群体、关心职场新人、孝顺父母等都是常出现在其视频中的主题。

◉ 案例6.3　快手"烧麦一米八"自制情景短剧

快手用户"烧麦一米八"于2019年7月12日上传第一个视频，截至2021年7月已有234个作品，并累计937万"粉丝"。她的情景短剧通常围绕着被男朋友背叛、闺蜜抢男朋友、丈夫出轨等情感纠葛展开，她在剧中固定使用"麦子"这个名字，所扮演的大部分角色是遭到男友背叛的女生，被闺蜜抢走男朋友的受害者等情感纠葛的中心人物；有时也扮演揭露闺蜜男友是渣男这样的旁观者。但是遭到背叛后，"麦子"并不会消沉，她会以自己的方式惩戒背叛自己的人。总体而言，"烧麦一米八"的情景短剧剧情较为简单直白，但内容是当下年轻人喜欢谈论的话题，所表达的爱情观也比较正面积极。

快手"烧麦一米八"

第一节　情景短剧类短视频的概念

当下，打开各类短视频 App，都能刷到短小精悍的自制剧。不足 5 分钟的时间，较为固定的场景，三两个演员，有人坐在边上看，边看边笑或边演边笑，简简单单就可以完成一个情景短剧。那么，究竟什么是情景短剧呢？什么又是情景短剧类短视频？

一、何谓"情景"?

在对情景短剧类短视频的概念进行界定前，要先分清"情景"与"情境"这两个容易相互混淆的概念。

根据《辞海》的解释，"情景"的第一种释义为情感与景象，如《对床夜语·卷二》中写道："'感时花溅泪，恨别鸟惊心'情景相触而莫分也。"花与鸟作为自然景物，作者见花开却潸然泪下，听到鸟鸣却胆战心惊，是因为作者杜甫面对长安沦陷、家国破碎，内心无比凄苦惆怅，将彼时的心境投射到自然物上，铸就了情景相融的千古名句；"情景"的第二种释义为情况或情形，如《红楼梦》第十七回中写道："母女姊妹深叙些离别情景，及家务私情。"《儿女英雄传》第十二回中写道："方才听你说起那情景来，他句句话与你针锋相对，分明是豪客剑侠一流人物。"

而"情境"在《辞海》内则被解释为情景、境界，如"在那种情境下，除了笑笑，你还能表示什么呢？"这种释义中所说的"情景"更偏向于上文提到情况、情形。对于"情境"的第二种释义是情景、境界，如我们常说研读古诗词，除了理解字面意思，更要品味其中情境。这种释义所说的"情景"更偏向于上文提到的情感与景象。

由此可见，"情景"与"情境"大致相同，但有各自适用的语境。总的来说，情景重在客观景物与人主观体验的相融相衬，而情境则突出某一特定物理空间或某一特殊局势。那么到底是"情景短剧"，还是"情境短剧"？其实两者的区别不大，不需要进行学理上的细究，为保持叙述一致，下文将统一使用"情景"一词。

二、何谓情景剧?

情景剧来自美国，这是一种轻喜剧，是一种文化舶来品，一般主要在室内完成戏剧动作、台词等，不使用外景。情景剧有一定的喜剧成分，其喜剧性主要体现在情景对话上，用幽默的语言方式和情节内容打动用户。因此，谈及"情景剧"时，一般默认是"情景喜剧"。对于"情景喜剧"，中外学者的定义大体相同。

　　西方电视学者明兹·拉瑞认为："这是一种半个小时长度的以情节为主的电视系列剧，剧中人物一成不变。也就是说，每个星期我们将在电视上见到生活在同样场境中的同样的人物。剧集之间很少有联系，一个故事将在半个小时之内结束。情境喜剧一般在现场观众面前拍摄完成。无论是用现场观众的笑声或者是罐装笑声，情境喜剧的现场笑声都能使观众意识到他们在看一场喜剧。情境喜剧最重要的特征是它循环式的叙事，出现矛盾、压力、变化的威胁，但是最后矛盾解决，压力消失，一切又回复到开始时的状态。根据喜剧理论，这种大团圆的结局是喜剧的主要组成部分。"① 电视学者大卫·麦克奎恩也提出："情境喜剧一词指的是一种叙事性系列喜剧，长度一般为 24—30 分钟，有固定的演员和布景。"②

　　国内学者苗棣也同样提出自己描述性的界定。他认为，情景喜剧是"一种 30 分钟（包括插播广告的时间）的系列喜剧，以播出时伴随着现场观众（或者是后期配制的）笑声为主要外部特征。其基本模式首先表现为主要角色和基本环境永不变化，通常每一集讲述一个独立成章的完整故事，每集都有一个小标题，同时在人物关系和某些情节线索上，各集间也可能多少有一些连续性"③。

　　李群的硕士论文《情景喜剧和网络大众文化消费关系研究：以〈爱情公寓〉为个案》综合比较了几个影响较大的定义后，给出情景喜剧的界定："情景喜剧一般都是喜剧，是一种拥有固定主演阵容，一条或者多条故事叙述线索，围绕一个或者不多的固定场景进行的喜剧演出形式。之所以称为情景喜剧，是因为此类电视剧的情境是标准化的，这种标准化一般体现在两个方面，一则是拍摄的场景往往固定，主要集中在室内，偶尔穿插一些外景起辅助作用，二则是故事叙述模式相对固定，即在一段时间里在情节中不断创造平静到高潮的过程，这也显得情节稍微简单。"④

---

① 转引自吕晓志. 中美情境喜剧喜剧性比较研究 [M]. 北京：中国电影出版社，2008：6-7.
② 麦克奎恩. 理解电视 [M]. 苗棣，赵长军，李黎丹，译. 北京：华夏出版社，2003：47.
③ 苗棣. 中美电视艺术比较 [M]. 北京：文化艺术出版社，2005：94.
④ 李群. 情景喜剧和网络大众文化消费关系研究：以《爱情公寓》为个案 [D]. 济南：山东大学，2012：19.

对情景剧（或称情景喜剧）的概念有了基本了解后，我们再来讨论情景短剧。关于情景短剧，学界并没有一个较为明确的定义，但我们可以参考研究较多的网络自制剧的相关概念。有学者给网络自制剧下的定义是："由网络媒体自己投资拍摄，专门针对网络平台制作并播放的影视剧。"① 这个定义有着较明显的瑕疵，它将网络自制剧的创作者局限于网络媒体平台，事实上许多视频网站上的视频是由独立影视公司制作的，或者是网络媒体平台委托影视公司制作的。

于是，有研究者进一步对于网络自制剧的概念进行修正，认为网络自制剧是以互联网为载体，由视频网站独立注资制作或与专业影视团队合作拍摄的影视连续剧，其主要通过视频网站的 PC 端、手机终端以及其他便携式移动终端进行播放，针对具有网络属性的用户，在制作过程中吸收传统影视剧的制作方式。② 定义强调网络自制剧的制作具有专业性，并且作品版权归播放视频的网络媒体平台所有。

随着网络自制剧的发展，网络自制短剧也开始进入大众的视野，出现了《万万没想到》等爆红的作品。一位论者给网络自制短剧下定义："网络自制短剧主要是指'较短'的网络自制剧。'短'主要指单集时间较短，一般在 5—15 分钟，每集独立讲述一个故事，类似于电视单本剧的特征，上下集在叙事连贯性方面并无太大关联。网络自制短剧虽然单集时间较短，但其大都采用'系列剧'的形式，基于较为固定的用户，边拍边播，有了'周播'和'季播'的特点。"③ 在这个定义中，"短"成为网络自制短剧的关键性特征。

近年来，各类短视频 App，如抖音、快手等发展迅速，短视频的崛起让 UGC 有了广阔的成长空间。同时，大量的所谓 PGC 专业视频制作团队也加入其中，共同构建起一个短视频的生态圈。其中，情景短剧类短视频是不少用户喜欢拍摄和观看的一类视频，它既具有情景喜剧和网络自制短

---

① 曹慎慎."网络自制剧"观念与实践探析 [J]. 现代传播，2011（10）：113.

② 朱婷. 我国网络自制剧的受众分析：基于麦奎尔的三大研究传统 [J]. 戏剧之家，2017（5）：120-122.

③ 周传艺. 国内网络自制短剧的后现代化研究 [D]. 南昌：南昌大学，2016：8-9.

剧的某些特征，又有情景喜剧和网络自制短剧不具备的独特之处。

综合以上各种看法，本书将情景短剧类短视频定义为一种时长一般不超过 5 分钟，在特定情景下完成、情节比较完整的小型戏剧类短视频；演出人员较固定，剧情紧凑，有单集成剧和多集形成系列短剧两种形式；视频制作形式一般分为非专业用户自制、专业团队自制或承制等，此类视频一般投放于短视频类 App 进行播放。

三、情景短剧类短视频的演进简史

情景短剧类短视频的简单发展尚未到写史的地步。不过简单回顾一下情景喜剧在我国的历史沿革对理解情景短剧类短视频不无裨益。

美国哥伦比亚广播公司从 1963 年到 1966 年拍摄制作的情景喜剧《火星叔叔马丁》于 1982 年被我国中央电视台引进。剧中火星人的古灵精怪带给了观众许多欢乐，但剧中所配置的罐装笑声则让人们感到奇怪。这部剧在当时并未在中国的电视剧行业激起任何浪花，直到 10 年后，美国另一部情景喜剧《成长的烦恼》在中国播出。《成长的烦恼》的故事围绕一家人幸福欢乐、悠闲自在的生活展开，让中国观众了解到美国普通人的家庭场景及美国人对于子女的教育方式，使观众对当时议论颇多的独生子女政策有更多思考。"情景喜剧"开始为中国观众接受。

1993 年，在美国完成硕士学业的英达与编剧梁左、王朔借鉴《成长的烦恼》筹备了中国第一部电视情景喜剧——《我爱我家》。这部剧作围绕生活在北京的一个普通六口之家，呈现了 20 世纪 90 年代生动的生活图景，在语言、风格等艺术形式上极具中国本土的文化特色。在随后的几年中，英达影视公司又相继推出了风格鲜明的情景喜剧，如《候车大厅》《中国餐馆》《电脑之家》等。

2000 年，中国情景喜剧发展进入黄金时期。在 2000—2009 年这 10 年中，中国的情景喜剧产量大增，由英氏影业推出的《闲人马大姐》系列不仅获得超高的收视率，还斩获"飞天奖""百花奖"等电视剧大奖。2005 年由林丛导演的《家有儿女》将视角放在"重组家庭"这一新型家庭上，讲述了两个离异家庭重组后不断磨合而发生的各种趣事，随后又推出了第二部、第三部和第四部。在许多"80后""90后"心中，《家有儿女》是珍贵的童年记忆。

如果说家庭生活题材类的情景喜剧还有着国外情景喜剧的影子，那么，古装类情景喜剧就彻底将情景喜剧本土化。例如，号称颠覆了传统武侠经典的《武林外传》，被称为"E时代中国情景喜剧"。在这部掺杂了穿越、恶搞、广告植入等种种流行元素的"神作"里，贯彻着解构、戏仿、拼贴等后现代主义精神，《武林外传》问世以后广受各界好评，但是它的极盛似乎预告了后来中国情景喜剧发展的滞涩。

2010年以后，除了《爱情公寓》获得了较多关注外，再没有特别优秀的作品出现。《爱情公寓》以年轻的面孔、时尚的风格讲述了一栋楼内年轻男女的故事，随后又相继推出第二部、第三部、第四部。在《爱情公寓》的热度逐渐退却后，情景喜剧的创作进入空窗期，在其他类型的节目挤压中艰难求生存。

随着互联网时代的到来，中国的情景喜剧迎来了新的市场、新的用户，以及在表现风格、内容、形式等方面的突破与创新。这一时期，《万万没想到》《废柴兄弟》等剧作横空出世，并且引发了关注与讨论热潮。伴随着抖音、快手等短视频App的崛起，由于受到时长、竖屏播放形式等影响，情景喜剧相应表现出下文概括的剧情简单化、风格草根化、叙事碎片化等五个特征。

第二节　情景短剧类短视频的类型特征

情景短剧类短视频与情景剧、网络自制剧等一脉相承，"剧"的界域特性没有改变①，但是，在移动互联网时代，它仍然在题材、剧情、叙事、风格及角色五个要素上表现出鲜明的网络化特征与自媒体特征。

---

① 张健. 视听节目类型解析［M］. 上海：复旦大学出版社，2018：300.

一、题材选择趋向生活化

情景短剧短视频的一个重要特征就是题材生活化。所谓的生活化，就是指从生活出发，按照生活原本的面貌来真实地反映生活。以抖音 App 为例，它的理念就是"记录美好生活"，比如旅游途中沿途的风景、地道特色的美食、温馨有爱的家庭日常、令人感动的好人好事等。在这样一个自媒体高度发达的时代，可以占据荧屏的不只有明星偶像，每一个平凡的个体都可以成为一个叙事中心，都可以创作自己的剧本，做自己生活的主演。"从社会主体和历史主体理解普通人的价值，需要从中国社会的发展状况和普通人的现实处境出发，需要从日常生活和世俗精神来理解，但又不只是从世俗精神来理解其生存的价值。"① 在情景短剧短视频中，生活大概有以下三类主要场景。

第一，职场。以抖音用户"职场大爆炸 C 座 802"为例，该用户投稿的短视频基本围绕着公司办公室展开。视频鲜活地展现了当下打工人的生活状态，比如同事为升职加薪各自打起小算盘、向领导溜须拍马、同事欠债不还、老板在部门内安插眼线等。可以看到，这些是上班族们一直在谈论且乐此不疲的话题。情景短剧以此为素材，以略显夸张的表演来体现职场人的生活现状，能够激起这一群体的共鸣。

第二，家庭。家庭是情景短剧特别重要的场景之一，父母与子女、婆媳、夫妻等，无论哪一对关系，似乎都有讲不完的故事。对于中国人来说，"家"始终是一个非常重要的意象，这与血亲关系认同、血亲一体感密切相关。在情景短剧中，正在客厅里嬉闹的孩子、穿着围裙在厨房忙碌的母亲、穿着情侣睡衣靠坐在沙发上的年轻夫妻、父亲正在冒着热气的保温杯等，都能让人联想到"家"。而关于家的视频内容，总能够让用户感到亲切无比，最能引发用户情感上的共鸣。比如抖音上一个叫"瞳娜"的用户发布的视频主要讲述了一对夫妇温馨有爱的日常，其中一个短剧说的是小夫妻在假期想方设法把儿子送回姥爷家，然后去过二人世界的故事。

① 仲呈祥，陈友军．中国电视剧历史教程［M］．北京：中国传媒大学出版社，2009：161．

评论里都在刷："学到了，这就把我家那小子送走""已预定孩子他姥姥和姥爷的档期"……通过评论可以看到，这些细小、琐碎的生活场景，很容易唤醒用户类似的情感体验，从而使用户产生一种强烈的认同感。

第三，社会现象。这里所说的社会现象，主要是将视角放诸社会大背景下，既包括帮助社会弱势群体、投身公益事业、献身伟大事业等好人好事，又包括恃强凌弱、贪污腐败、暴力、歧视等阴暗面。这类题材的情景短剧通常围绕社会上的某个热点话题，通过短剧的情节和演员的演绎来体现社会的真善美，批判假恶丑。

总而言之，情景短剧类短视频以普通人的生活为起点，细腻描绘了某一类人的生活状态，创造了一种真实的生活质感。人们无法掩盖生活"一地鸡毛"的真相，但是通过短视频的故事情节能更清楚地看到生活的真实面貌，从而加深对生活意义的理解。

二、剧情内涵的简单化

相较于每集时长 40~45 分钟的电视剧，情景短剧类短视频体量较小，能够承载的故事情节就比较简单。对于电视剧来说，开端、主体与结尾三个部分都需要深入考量。以主体部分为例，主体情节是全剧的核心，整个故事的发展过程、人物性格的塑造都在这个部分完成。由于本书探讨的情景短剧类短视频题材较为生活化，这里主要分析生活流①式电视剧剧作。这类电视剧不断地给主角设置各种难题，命运的坎坷让他的抉择变得困难，通过主角不断迎来麻烦、解决麻烦这一过程推动故事情节发展，以此来弥补生活流式剧作矛盾冲突不足的弊端；同时，通过性格抵触来构建情节，通过不同类型的人物形成鲜明的情感对比和激烈的交锋。②

情景短剧的主体情节比较简单，但依然能够看到电视剧情节设置的影子，当然在情景短剧中，通常主角需要解决的问题较少，仅有一两个。以本节开篇的案例 6.1《不过是分手》为例。男主角陈思贤和一女子拥抱在

---

① 生活流：随着日常生活的流程，移步换景，通过对人物的言行举止、经历体验、感觉心态的依次记录，无人为痕迹地完成反映生活、表现人物的叙事体现。

② 高金生，高路．浅析长篇电视连续剧的结构方法［J］．中国电视，2003（11）：48-54.

一起被女友李斯羽撞见，李斯羽赌气要与陈思贤分手，结果李斯羽乘坐的出租车出了车祸，导致李斯羽死亡，陈思贤后悔不已，却意外发现自己可以通过马桶穿越回过去。于是，他决定无论如何要救回李斯羽。整个系列剧就围绕陈思贤穿越时空救女友展开。故事发展中，编剧给男主角安排了只要他自己或者李斯羽说出"分手"二字，男主角就要回到李斯羽死亡的那天晚上重新穿越的情节，这就是主角面对的最大挑战——如何阻止女友提分手。陈思贤一次又一次穿越时空，试图通过变成李斯羽喜欢的模范男友、远离李斯羽防止二人恋爱、撮合李斯羽与他人相爱等方法来避免她提分手，这就是主角面对困难时不断进行抉择的过程。最终，编剧以出车祸的其实是陈思贤，他关于穿越的一切只是李斯羽通过一台机器向他的潜意识讲述的故事这样一个反转结束了故事，将矛盾在此解决。

值得注意的是，情景短剧类短视频不像电视剧那样有充分的主体容量，可以通过各种细节来塑造人物性格。情景短剧只能通过演员夸张的表演、抑扬顿挫的声音，辅之以配乐来快速立起一个人物。例如，《不过是分手》第二季讲述了男主角张路由于童年阴影患上精神疾病，分裂出一个与原本性格全然相反的人格，张路原本木讷内向，另一个叫陈希的人格嚣张跋扈，两种人格交替出现。为了体现两种人格的极大反差，演陈希这一人格时，主角通过略显浮夸的台词，例如，"女人哭让我特别焦虑，所以，不许再哭了，你再哭我亲你啊"这种霸道总裁式的发言体现与张路本身完全相反的性格，这让女主角小雅感到茫然与不安，她说不清楚双重人格的男友，哪个更好，哪个才是她所爱的。这是通过性格对照来构建故事情节的典型案例，特别的是，形成反差的两种性格出现在同一个人身上。

情景短剧的剧情简单化，除了简化故事矛盾，加强人物性格对立外，还体现在剧情高潮推动上。电视剧可以通过前期剧情埋下伏笔，为后续的高潮做好铺垫。但是情景短剧设置的场景有限，需要通过有限的时长交代故事背景和人物关系，迅速推动剧情向前发展，因此可能一两集就迎来一个小高潮。对于一集成剧的情景短剧来说，反转、乌龙等是较为常见的设置情节高潮的方法。

三、叙事模式的碎片化

传统影视强调影像的线性表达，用户需要按照时间的向度来把握剧情的走向，从而把握住整个剧情的时间逻辑。但情景短剧类短视频不同，它大多以一种非线性、碎片化的叙事来呈现，对于故事的逻辑思维没有较高的要求。一般而言，情景短剧的各个片段互不相连，表现出鲜明的非线性特征。以抖音用户"职场大爆炸 C 座 802"投稿的视频为例，该用户的情景短剧虽然是围绕办公室这一主要场景内的几个人来展开的，但故事主要是以生活中零碎的点滴为素材，因此各个故事之间并不存在交集，比如某一集讲述了奇葩老板，下一集又调侃了爱打小报告的同事。当然，随着专业制作团队的加入，也有部分情景系列短剧采用了传统影视的线性叙事方式，但受到时长的限制，整体叙事仍然具有明显的碎片化特征。

情景短剧非线性的叙事特征也是网络空间去中心化、碎片化叙事方式的重要体现。作为一种颠覆与重构，情景短剧分离出既定的叙事语境，从而创造出一种别样的叙事风格。①

四、内容风格的草根化

如本书第五章所指出的，"草根"是一个与"精英"相对的概念，这个词多作为互联网上一些民众对自己或对他人的称呼。杜骏飞教授认为："草根文化指的是进入互联网时代的一种平民文化的代称，作为一个混杂体系，大型电视选秀节目《超级女声》中的李宇春等人，'非著名相声演员'郭德纲，后现代、反权威、反传统的语言的'网络写手'今何在等人……甚至夸张而拙劣地展示自我的芙蓉姐姐及其不遗余力喝彩的拥趸，都可能是其中的代表人物。"② 与主流文化相比，草根文化反对权威与中心，以通俗易懂为特征，反映的是平民大众的趣味和思想；草根文化并不

① 周传艺. 国内网络自制短剧的后现代化研究 [D]. 南昌：南昌大学，2016：28-31.
② 杜骏飞. 文化阶层是如何被想象的? [J]. 电影艺术，2010 (4)：105.

等同于乡村文化，若轻率地认为草根文化一定是粗俗的、低劣的，那么这种认知本身就是精英化的。在现实社会中，草根文化确有其劣根性，但也要看到其与平民大众接轨所具有的生活化、本土化特色。

短视频有着更加生动、立体、形象的特点，为草根阶层提供了一个广阔的自我呈现平台。以快手 App 为例，数据显示，2018 年 9 月快手用户中 25 岁及以下用户占比 62.5%，明显高于移动互联网用户同一年龄的分布比例（29.8%），且快手用户在三线以下城市的城际分布比例高于移动互联网用户，可见快手用户整体呈现年轻化的属性。快手成为当下中国互联网草根群体的主要聚集地，草根用户拥有了展示自我、参与社会表达的机会，并且形成了自己独特的圈层文化和审美趣味。

快手的情景短剧主要有自编自导和模仿两种形式，内容包括情感纠葛、幽默搞笑的段子等，都生动地体现了草根群体的审美趣味。虽然情感类情景短剧表演痕迹重，剧情、对白等俗套，制作不够精良，但是胜在节奏较快，趣味性强，深得大众喜爱。以快手中拥有 937 万"粉丝"的用户"烧麦一米八"为例，她的视频主要围绕爱情与友情展开。在故事中，"渣男""情敌""小三""闺蜜"等符号最为常见，并且常伴随着"泼水""扇耳光""干净利落分手"等行为来完成对背叛的"复仇"。视频的画面质感不强，叙事逻辑和立意不具新意，但是剧情一波三折，并展现了对用情不专者的惩戒，能够对观众起到一定的安抚减压的作用。

还有一类情景短剧主打幽默搞笑。当人们对审美主流文化产生视觉疲劳时，就开始搞怪或故意扮丑，异于人们对"美"的认知的"审丑"就出现了。在这类情景短剧中，我们可以看到各种奇装异服、男扮女装、女扮男装的反串或角色扮演和爆红网络的搞笑段子等，这些幽默是无厘头的，但是总能博人一笑。关于这一点，本书第五章草根恶搞类短视频已经有详细说明，此处不再赘述。

五、边缘人物中心化

所谓边缘人物是指被主流社会所忽视的群体，他们因经济、文化原因不见容于社会的主流文化、主流价值观，这是一个社会学的概念。本书所讲的边缘人物更多指的是缺乏显赫的社会地位、满足于日常生活、似乎"碌碌无为"的市井小民,例如,快手小剧场官方发布的情景短剧中,摆地摊给女儿凑学费的单亲妈妈、风雨无阻送外卖的外卖小哥、负担一家人生活费的清洁工、奋斗在底层的公司小职员等。而在剧中,每个人都在认真面对生活的难题,比如一位母亲为了给女儿凑学费,摆地摊卖面包挣钱,女儿想吃一个小小的面包却被母亲阻止了。母亲承诺只要女儿考试考上90分,就给她做一个大面包,女儿考了99分,准备高兴地去找母亲要面包时,却看到夜里母亲一个人坐在冷风中啃着一块硬馒头,并向路过的人询问是否要买面包。女儿见状将自己的试卷改成了89分,向母亲道歉并说自己下次会考上90分,母亲看到字迹就知道女儿改了分数,心疼女儿的努力和懂事,流着泪拥抱了女儿。

可见,情景短剧中的角色并不都是事业有成、声名显赫的成功人士,相反地,很多角色都是普通人甚至是失败者。这种边缘人物成了剧作的主角,从边缘逐渐走向中心,首先是因为短视频给普通人提供了一个展现自我的平台,让普通人能够主动向中心靠拢。以农民工为例,作为回不去家乡又融不进城市,以一种独特的状态游离在城乡二元间的存在,大部分快手上的农民工积极寻求"粉丝"和媒体的关注,其实就是通过自我呈现来寻求社会的认同。其次是因为短视频消解了"权力、钱财、颜值"等主角标签带给普通人的无形压力。拥有高收入、稳坐办公室、长相优越的成功人士并非不存在,但毕竟是凤毛麟角,塑造过多的这样形象不仅容易使普通人产生焦虑感,还容易让人们的价值观变得扭曲。当边缘人物也成为活跃在屏幕上的一员时,生活才变得有血有肉,小人物积极乐观、苦中作乐的人生态度值得被肯定,也应该被更多人看见。这样的情景短剧类短视频虽然远离了传统的、形而上的审美价值,但使得社会个体开始重新关注和思考日常生活、生命个体的意义和价值。①

---

① 张文静. 中国土味短视频的审美泛化研究 [D]. 杭州:浙江师范大学, 2020:36.

第三节　情景短剧类短视频的策划与制作

短视频如飓风一般冲击每个人的工作和生活，势必会带来信息的爆炸。面对海量的、风格各异的情景短剧短视频，用户会如何进行选择？对短视频内容从业者而言，找准自身在市场的位置，是赢得用户注意力的关键；选择恰当的题材，坚持内容为王，是维持长效发展，实现流量变现的不二法则。

一、策划：定位、内容与营销

1. 进行用户画像

前几章已经介绍过用户画像这一概念，这里再简单说明一下。短视频生产者着手准备拍摄前，必须先弄清楚自己的目标用户是谁，在哪里，有什么样的行为特征。交互设计之父阿兰·库伯最先给出了用户画像的定义：用户画像是真实用户的虚拟代表，是建立在一系列真实数据之上的目标用户模型。① 简而言之，就是将用户信息标签化。大数据时代，数据已经成了未来的"新石油"，拥有足够资金储备的专业情景短剧制作者必须依托充足的用户数据去进行精准的用户画像。首先，将用户的信息数据进行分类，可以分为静态与动态两种数据。静态数据即人类学数据，包括年龄、性别、居住地等；动态数据则是用户的互联网行为数据，包括用户点赞、评论、留言等。其次，要把握短视频用户的使用场景，具体来说，就是了解用户习惯在什么时间、什么地点看什么样的情景短剧短视频。在对用户的静态与动态数据进行整合后，就能够初步得出用户对情景短剧短视频的偏好，为后续剧本的准备与拍摄打好基础。

---

① 郝胜宇，陈静仁. 大数据时代用户画像助力企业实现精准化营销［J］. 中国集体经济，2016（4）：61-62.

2. 选择适当的题材

在找到目标用户后，开始情景短剧剧本创作前还应该注意题材选择方面的问题。首先，考虑现有资源是否能够支撑情景短剧的创作，这里的资源包括人力、物力与财力。对专业情景短剧短视频制作团队而言，充足的资金意味着可以找到较为优质的拍摄场所、演员及道具，还能够用更好的设备拍出高质量的视频；但对于非专业用户来说，情景短剧的选题必须是利用身边的资源就能够完成的，比如选择以家庭作为具体情景，可以自导自演，也可以请亲朋好友参演。

其次，要关注细分市场，不要一味选择热门题材。细分市场要关注消费者的需求、动机、购买行为的多元性和差异性。在克里斯·安德森所提出的长尾理论中，那条长长的尾巴里所蕴藏的无数个细分市场，能够获得比主流市场更高的收益。情景短剧的制作者在选择剧作题材时，可以选择还未被人发现的，或尚未充分发掘的题材。当然，与电视剧或网络剧不同，情景短剧倾向于聚焦社会现实和日常生活，这也是其一大优势，情景短剧可以从生活中不被关注的犄角旮旯寻找灵感，将视角放到普通大众的不同群体中，保持对社会生活的参与和介入。

最后，要学会适当调整自己的题材。当一个情景短剧投放到短视频平台后，要根据点赞量、评论量等来判断用户对此的感受，然后再判断是否需要调整选题方向或内容。比如情景短剧选择了"正牌女友智斗小三"这样的题材，但是点赞量不大，或者评论里出现了较多负面评论，就需要考虑是不是因为这一题材的作品太多，市场已经达到饱和状态，或者内容中是否出现了不恰当的画面或对话等。通过试错，能够及时修正自己的内容，更好地把握自身的定位，更好地了解市场情况。

3. 优质内容的持续输出

我们应该看到，在这个渠道已不是稀缺资源的时代，真正能够打动和留住用户的，依然是优质的内容。当下，短视频乱象丛生已经是一个老生常谈的话题，抖音、快手中充斥着大量粗俗、猎奇的内容，虽然能够获得一时的点击量，却引起不少用户的反感。情景短剧生产者在创作中，应该摒弃粗俗低质的内容，不断创新故事选题，打磨故事内容，优化故事情节，打造可持续发展的短视频 IP 剧，建构符合大众审美品位的高质量情景短剧短视频。①

以 2014 年云南爆笑江湖文化传播有限公司打造的短视频《陈翔六点半》为例，作为情景短剧类短视频中的佼佼者，《陈翔六点半》问世后以独特的风格成功刻画了小人物的百味人生。抖音中《陈翔六点半》栏目官方账号"粉丝"已超 6 235.6 万，累计获赞 5.5 亿，表现十分抢眼。《陈翔六点半》的导演和演员都不是科班出身的专业人士，但这并不妨碍他们生产的内容受到大众的喜爱。

首先，《陈翔六点半》中的故事场景与角色设定都有极其生活化的特征，比如场景有家、路边、公园、公交车、网吧等，这些都十分贴近日常生活。《陈翔六点半》通过选择与用户真实生活相契合的场景，来创造与用户有共通的意义空间，不同于古装、玄幻等距离用户生活太远的题

《陈翔六点半》

材，日常化的场景设置能够让用户在观看视频时更有代入感，更能引发其心理上的共鸣。以小人物作为剧中的主角，前文已经说过，失败者或平庸者才是生活里的大多数，这种最接近用户的"普通人"设定，讲述"普通人"的故事，更能拉拢用户，获得其心理上的认同和情感上的共鸣。

其次，以幽默戏谑治愈不快乐。《陈翔六点半》也被网友们定义为"段子剧"。段子本来是相声艺术中的一个术语，后在人们的频繁使用中有了新的内涵，现在用来泛指一段故事或笑话，类似于当下年轻人喜欢玩的"梗"。《陈翔六点半》具有段子的鲜明特征——幽默与戏谑，它以一种游戏化的娱乐方式消解影像中原有的训诫宣传，它所担负的社会职责和政治功能渐渐消失，只是单纯为了让人在短视频营造出的虚幻情景中尽情享受

---

① 范志红. 以优质内容让短视频实现长发展 [J]. 传媒论坛，2020（3）：37-38.

快乐。波德里亚在论述"拟像世界"时认为现代社会存在着大量极度真实却没有本原、没有所指、没有根基的图像、符号。①《陈翔六点半》并不追求对意义的刻画，其背后没有体现任何所指，而是致力于博用户一笑，让用户体验瞬间的快感。对于背负着沉重生活压力的普通人而言，闲暇时已没有进行多余思考的精力，只希望通过最纯粹的娱乐带给自己片刻的轻松，治愈自己的不快乐。

当然，在这里并不是说完全肯定《陈翔六点半》通过艺术降格和矮化生活来进行幽默叙事，虽然该剧确实表现突出，但也有值得斟酌之处，比如上文提到的短视频内容的粗俗与低俗化在该剧中也有所体现。在情景短剧的创作中，我们依然要警惕对生活的过度解构，以碎片化、娱乐化的符号对生活进行过度表演，很容易导致日常生活本真性的缺失。幽默搞笑的影像呈现给用户的是极具视觉冲击力的画面，容易让观看者对现实生活的认知产生偏差，混淆虚拟与现实，分不清表象与本真。

4. 情景短剧类短视频的营销

这里对于情景短剧类短视频的营销，主要分析其如何实现流量变现。所谓的流量变现，简单来说就是指将网站所拥有的流量通过某些手段转变为现金收益，这不仅是各大短视频平台争相吸纳优质短视频创作者的不竭动力，也是其促进短视频用户积极生产内容的主要手段之一。情景短剧类短视频也不例外，就目前而言，有以下三种主要的变现模式。

第一种，平台补贴。这是情景短剧创作者能够直接变现的方式。根据卡思数据（ID：caasdata6）统计显示，2019 年西瓜视频推出"万花筒计划"，对垂直内容品类创作者进行补贴，为宠物、手作、时尚、音乐等 30 余个垂直内容品类创作者提供 10 倍以上额外的流量支持和一定的奖金。同年，快手推出了"创作者激励计划"，补贴方式是快手平台选择性地在创作者创作的内容尾部添加与之相匹配的贴片广告，收益归创作者所有。平台扶持涉及各个层面，从现金到资源支持，再到流量加成，不仅能够激励创作者努力生产优质内容，还能保持创作者的持续造血能力。

---

① 波德里亚. 象征交换与死亡 [M]. 车槿山，译. 南京：译林出版社，2006：145.

第二种，广告植入。对于情景短剧来说，承接广告是非常重要的变现方式。广告可以硬植入，即以贴片的形式出现在剧集的片头或片尾；也可以借助情景短剧的内容特性，直接与剧情相结合。现在为用户所熟知的剧情式广告就是将广告内容化，而在情景短剧中植入创意软广告，就是将内容广告化，将广告与剧情融为一体，使二者之间具有关联性。这样可以在一开始就吸引用户的注意力，降低用户对广告的天然抵触感。

第三种，打造 IP，衍生变现。以"陈翔六点半"为例，相关情景系列短剧虽然人气很高，但也存在用户群体分散，商业价值模糊的问题，很长一段时间，该剧都是靠广告植入来营利。但担心太多的广告会招致用户的反感，后来"陈翔六点半"探索出了一种特色营利模式——打造 IP，形成自己的衍生产品产业链。"陈翔六点半"与游戏渠道商进行合作推出了 H5 小游戏，在他们的公众号中大力推广各种小游戏；此外，"陈翔六点半"还拍摄了两部自己的网络电影——《陈翔六点半之废话少说》《陈翔六点半之铁头无敌》，两部电影都以较低的成本获得了成倍的可观收益。由此，我们可以看到 IP 的价值，IP 营销的本质是"粉丝"经济，利用 IP 带来的文化认同感形成自有"粉丝"圈层，然后借助自有"粉丝"圈层的号召力和带动力实现更多圈层的突破，最终在全网发展"粉丝"群体。对于情景短剧来说，要想获得长足的发展和更强的变现能力，就要有将自身作品打造成网红 IP 的意识。一个好的 IP 价值是无限的，IP 具有外延性和持续稳定性，情景短剧若是能利用好 IP 进行营销，维持住自己的热度，不断推出自己 IP 的衍生产品，势必能获得可观的收益。

情景短剧类短视频可变现的渠道多元，但是正如上文所说，优质内容始终是实现变现的重要基础。粗制滥造的内容虽然可能获得一时关注，但始终与人们渐趋高水准的审美不符，所能获得的收益也只能是一时的、有限的。只有用心打造精品内容，通过口碑的积累，让越来越多的人认可和喜欢，才能实现可持续发展，由此获得长期的收益。

二、关于脚本、拍摄与剪辑

情景短剧类短视频的制作，涉及拍摄器材和道具的选择、运镜技巧、转场技巧、音乐选择、字幕设置、编写脚本、拍摄技巧及剪辑。由于篇幅有限，无法一一详细说明，故选择脚本、拍摄和剪辑来进行简单介绍。

1. 情景短剧类短视频脚本

对于短视频来说，脚本是灵魂，可以将视频脚本简单理解为拍摄的大纲和要点标注，后期的所有拍摄和剪辑都将围绕着脚本进行。与影视剧的脚本不同，情景短剧类短视频由于受到时长的限制，需要更密集的视听和情绪刺激，必须把握好剧情的节奏和进度。短视频脚本一般分为拍摄提纲、文学脚本和分镜头脚本三种。拍摄提纲只对拍摄内容起提示作用，适用于一些不容易掌控的和预测的内容；而文学脚本主要是列出所有可控的拍摄思路，这两种脚本在拍摄抖音或快手的情景短剧时使用较少，在此不多做叙述；分镜头脚本适用于故事性较强的短视频，在情景短剧拍摄中起到至关重要的作用（表6-1）。分镜头脚本一般包括画面内容、景别、摄法技巧、时间、音效等，要求十分细致。

表6-1　情景短剧类短视频分镜头脚本举例

镜号	画面	景别	镜头运动	持续时间	对白	音效
1	千千坐在客厅打字	近	定	2 s	对话框：那就说好啦这周六上午10点见	微信打字声
2	弹出对话框				房子多：不见不散	
3	千千开心地放下手机	近	定	1 s		
4	弟弟给千千打电话（讨好的语气）	近	定	1 s	——喂，老姐，周六出去吃饭吗？	
5	千千回答（炫耀的语气）	近	定	3 s	——周六不行耶，我上午10点约了房子多去爬山	
6	罗拉喝着水走过，听到对话愣了一下，心不在焉地走开了	中	定	4 s	——不是吧老姐，你居然为了一个渣男（声音渐隐）	
7	罗拉走到厨房，把杯子里的水泼掉，将水杯重重放到桌子上（愤恨的表情）	中	跟	3 s		

资料来源：作者整理。

2. 情景短剧短视频拍摄

在情景短剧拍摄中，首先，要注意播放平台的页面布局。以快手为例，页面右边以竖版的形式依次设置了"头像""点赞""评论"和"分享"四个按钮，而页面底端设置了作者和视频的文字信息，因此在拍摄时要注意角色不能被页面按钮和文字所遮挡。其次，要注意拍摄的构图，拍摄构图法包括中心构图法、黄金分割法、对角线构图法和三角形构图法，要根据剧情画面的需要来灵活选择。

其实对于优质情景短剧来说，精妙的拍摄技巧能够为时长较短的剧增加更多的细节，比如通过画面加强角色间的对立、传达主角的情感与情绪等。以《不过是分手》系列情景短剧为例，在第二季第十集中，主角分裂出的较为霸道的人格与原本较为木讷的人格为了一件事情起了争执，二者坐在桌子两端进行争论。当霸道的人格说话时，镜头将其放到了画面最右边，而当原本人格说话时，通过摇镜头将其放到了画面的最左边。这样的拍摄技巧营造出两者之间剑拔弩张、不肯退让的气氛。

《不过是分手》情景短剧截图

3. 情景短剧的剪辑

好的剧作一定离不开好的剪辑，情景短剧需要在很短的时间里呈现有限的镜头，这就十分考验剪辑师在剪辑过程中对于剧情的考量、取舍。总体来说，高端剪辑应该做到以下几个方面：

第一，新的镜头应该给用户呈现新的信息。在短剧中，这种信息主要体现为视觉信息，比如说主角登场、事件发生等，剪辑师要避免错剪带有关键信息的镜头，或者保留无意义镜头。

第二，镜头间的切换与转场要有动机，比如当剧中主角的视线移到某个位置时，镜头应该切换至主角看向的位置，保证镜头逻辑的流畅。

第三，要注意镜头构图。构图不仅是拍摄者需要关注的，剪辑师虽然无法控制镜头中视觉元素的构图，但是可以在剪辑中选择画面的剪切，从而让构图变得合理。

第四，要考虑摄像机的角度。剪辑师在剪辑时要弄清楚画面中的人物数量，主角是谁，主角的位置在哪里。

第五，剪辑要平稳连贯，剧情、主角的动作和位置、背景音等都要保持连贯，否则不合理的镜头跳转会导致用户注意力的分散，甚至影响其对剧情的理解。

总的来说，情景短剧类短视频与传统的电视剧、网络时代的网络自制剧等一脉相承，"剧"的界域特性没有改变①，因而建议有志于情景短剧类短视频创作的非专业制作者向电视剧、网络剧、微电影等视频类型学习，真正搞清楚脚本、拍摄和剪辑等专业词汇的内涵与意义，这样才能拍摄、制作出拥有一定水准和具有流量竞争力的情景短剧类短视频。

---

① 张健. 视听节目类型解析［M］. 上海：复旦大学出版社，2018：300.

第七章

创意剪辑类
短视频

◉ 案例 7.1 "小布呐呐"剪辑黄渤相关影视作品片段

网民"小布呐呐"抖音截图

2020 年 3 月 7 日，网民"小布呐呐"（创意剪辑）在抖音发布了一条时长 30 秒的短视频，其为该短视频所配文案为"第 1 集 | 坐了三天三夜的火车，终于见到了网恋两年的姑娘。#韩剧"，这一视频获得了 20.3 万点赞、3.7 万评论及 2.9 万转发。这一创意剪辑短视频的主要内容是，黄渤拿着手机在火车站或者高铁站焦急地等待着网恋两年的姑娘，黄渤在等待的时候看见不远处座椅上一个和自己长得非常相像的中年妇女正在用手机发短信，这时黄渤收到一条短信，上面写着"小宝贝，快过来呀"，黄渤一时激动万分，不由掩面哭泣，故事至此以韩剧经典结尾结束，背景音乐也变成了经典的韩剧原声带，给人以无限想象。该视频的热评第一是"哈哈哈，你抓住了韩剧的精髓"。从这一热评可以看出"小布呐呐"过硬的剪辑技术。而从内容创意来看，这一视频中的故事并不是真实发生的，也不是由演员演出来的，而是由"小布呐呐"整理黄渤相关影视作品片段及一些网上搞笑视频，并将这些视频按照一定叙事逻辑进行排列、剪辑而成的。

◉ 案例 7.2 UP 主"小透明阿九"剪辑《校园小子》片段

2020 年 6 月 2 日，UP 主"小透明阿九"在哔哩哔哩发布了一条时长为 1 分 29 秒的视频，该视频为《如何拒绝别人》。这一视频获得了 1 570.6 万点赞、3.9 万评论、15.6 万转发、58.2 万投币及 42.5 万收藏。这段视频的素材主要来自一部由《爱的教育》改编的动画片《校园小子》，UP 主"小透明阿九"将其剪辑制作成一个极具创意的短视频。这一短视频以戏谑的方式教他人如何拒绝别人，如拒绝别人抄作业、借口红等，而这一点碰触到当下年轻人不懂如何拒绝别人的痛点。哔哩哔哩上同一类型的创意剪辑动画短视频不胜

枚举，如由 UP 主"三十六贱笑"发布的《最强舔狗》，UP 主"盖世猪猪"发布的《怒怼网抑云》，等等。这些从其他动画中获取素材，然后再重新剪辑的创意短视频很好地反映了当下年轻人的生存现状与心态，点赞量持续走高，很受年轻人喜欢。

UP 主"小透明阿九"《如何拒绝别人》截图

◉ 案例 7.3 "剪辑犯"魔术创意剪辑

网民"剪辑犯"抖音截图

2020 年 5 月 28 日，网民"剪辑犯"在抖音发布一条时长为 18 秒的短视频，其为该短视频所配文案为"不知不觉玩了一个月的抖音，承蒙一千粉的厚爱，哈哈哈 #魔术剪辑# 创意"，这一视频获得 7.2 万点赞、1 524 个评论及 1 424 个转发。在视频中，一人看似是在变魔术，将乒乓球变鸡蛋，将可乐变满天飞舞的彩纸，将人凭空变没，等等，实则是通过剪辑将几段提前拍好的视频片段进行整合所呈现的效果。此类视频通过剪辑技巧将不同视频进行嫁接，产生以假乱真的视觉效果，这是抖音等短视频平台中常出现的创意剪辑类短视频，如曾在抖音中火极一时、人人争相模仿的一秒换装类视频。对于此类视频而言，创意是其核心，是其灵魂，优质的素材与恰到好处的剪辑则是其血肉，三者缺一不可，互相成就、相得益彰。

本章开头所列举的三个具体案例，你是否觉得耳目一新？是否愿意给出"创意十足"的赞许？在了解上述三个案例的基础上，你又如何理解"创意""剪辑"这两个关键词？其实，"创意""剪辑"这两个概念看似简单易懂、人人皆可上手，实则很难为其确定一个具体且明确的概念。究其原因，一则"创意"一词极其抽象，三言两语本就难以解释；二则"剪辑"作为一种技巧、手法并无实意，需要与具体内容结合才有意义。

要搞清楚"创意剪辑类短视频"这一概念，需要从"创意""剪辑""短视频"这三个子概念入手。

第一节　创意剪辑类短视频的概念

对于"短视频"这一概念，本书在序言中已有明确界定，即"播放时长控制在 5 分钟以内、以电脑 PC 端或手机移动端为主要播放载体、能够与社交平台无缝对接、用户可以实时分享的新型视频形式"，下文仅对前两个概念进行解释与界定，进而给出"创意剪辑类短视频"的定义。

一、何谓创意？

"创意"一词，虽只有寥寥两字却总能给人给人以神秘之感。那么创意究竟是什么？最早，《辞海》对于"创意"一词的释义有"创造新的意境抑或新意"及"开创性的主意与构想等"。"创造新意"的这一释义多在人文科学领域被使用，"开创性的构想"这一释义则较多地运用在社会科学领域。如此来看，两种释义多涉及人文社会科学，似乎与自然科学鲜有关联。

根据有的学者考证，在 1911 年至 1981 年期间，"创造"一词开始被频繁使用，并大有取代"创意"一词的趋势。① 比如这一时期文学团体中

---

① 石凤玲. 从创意概念、广告创意到创意产业："中国创意"命题的提出［J］. 广义虚拟经济研究，2019（1）：69–74.

的"创造社"及其相关季刊《创造》就是这一趋势最好的证明。而"创造"取代"创意"的原因是自然科学在这一时期获得了较快且长足的发展,《辞海》对"创造"一词的解释也暗合了自然科学于 20 世纪在中国快速发展的趋势。

1981 年至 1987 年,随着改革开放的不断深入,大量外来词汇不断被引入,其中 design、idea、innovation 等多个词均被翻译为"创意"。同时,有些具有"开创性构想"即前文所说的"创意"这层含义的外来词汇被翻译为"创新""创造""新创"等。在这些译文中,"创造"这一翻译出现的次数最多。① 时间流转,新版《辞海》中"创意"的解释是表现出新意与巧思;新意指创新、新奇、全新、非同一般的想法;巧思则指灵巧、精妙、巧夺天工的构想。

基于以上讨论,"创意"一词几经流变,甚至一度被"创造"所取代,是因为这个名词从本质上就是一个缺乏实指的、虚的概念,而缺乏实指的、虚的概念必须与其他事物相结合,寻找其载体才能拥有恒久的生命力,才不至于被轻易取代。所谓"皮之不存,毛将焉附","创意"一词无论何时都需要与社会现实甚至时代潮流相结合,才可留下其属于这一时代的印记,才不会被淹没于滚滚的时间洪流里。

二、何谓剪辑?

剪辑最早出现在电影制作中,在当前可以搜集到的所有资料中,对于剪辑的解释都离不开电影剪辑。通俗来说,剪辑(film editing)有两种不同的意指。一种是针对电影制片工序而言的:影片拍摄完成后,依照电影剧情、结构的要求,将各个镜头的画面与声带,经过选择、整理和修剪,有序地编接起来,组合成一部结构完整、内容连贯的电影。另一种则是针对具体工作过程而言的:第一步,观看拍下来的素材,观看时记下有用的镜头,并注明备用镜头的数量;第二步,选择备用镜头,具体往往由副导

---

① 石凤玲. 从创意概念、广告创意到创意产业:"中国创意"命题的提出 [J]. 广义虚拟经济研究,2019 (1):69-74.

演根据导演的意见、拍摄情况及蒙太奇工作记录来进行；第三步，选出各个镜头，并把它们按照分镜头顺序剪接在一起，制成画面剪影和同期录音声带；第四步，进行正式剪接；第五步，审查剪接完成的材料；第六步，精剪，纠正发现的错误缺点；第七步，再次审查；第八步，一个场面、一场戏或一部影片剪接完毕，同时可能配好了声音。①

美国导演格里菲斯最早开始使用分镜头拍摄的方法，而后再将这些拍摄的分镜头组合起来，最后形成视听作品，剪辑艺术由此诞生。剪辑对于视听作品的生产非常关键，剪辑不仅仅是对拍摄素材的简单组接，本质上更是对视听素材的二次创作，也是编剧、导演等工序完成之后一次关键性创作。这一过程少不了剪辑师的"实验精神"，即"剪辑必须有精益求精的、大胆创新不断实验的精神，尽量利用有限的画面素材组合出最好的艺术效果"②。被称为"中国第一剪"的电影剪辑大师傅正义曾经回忆说，在拍1987年版《红楼梦》"黛玉葬花"一集时正处在冬天，只能剪一些纸花放在枯枝上，但他认为这样很难体现原著中的意境。无奈之下，傅正义用剪辑的方法"移花接木"，把其他片子里没用到的桃花都放在了黛玉葬花这集上，最终很好地呈现了"花落花飞飞满天、红消香断有谁怜"的意境。

大量实践证明，剪辑师剪切电影素材时选择在何时"下刀"，如何运用、衔接不同镜头等都会对观看此电影的观众产生根本性影响，而从叙事方式的角度来看，这种影响往往会超越故事本身。因而，剪辑不只是对所拍摄、收集的一系列镜头中冗余镜头的一种物理意义上的精减方法，它亦是电影工作者工具箱中的有力工具。③它就像剪辑师手中得心应手的魔法棒。通过恰到好处的剪切与拼接，并加上不漏痕迹的转场特效，富含剪辑师"心机"的视听作品便产生了。

傅正义在中国影视剪辑的理论与实践上大胆探索，曾经提出"剪出戏

① 朱玛，吴信训. 电影电视词典［M］. 成都：四川科学技术出版社，1988：202.
② 朱玛，吴信训. 电影电视词典［M］. 成都：四川科学技术出版社，1988：203.
③ 汤普森，鲍恩. 剪辑的语法［M］. 梁丽华，罗振宁，译. 北京：世界图书出版公司，2014：3.

来"的主张，以及影视片剪辑的三大因素理论，即要将动作因素、造型因素、时空因素有机地结合起来。在处理影视片的节奏上，他既做"加法"，又做"减法"，因而他剪辑的影视片在节奏上不仅准确流畅，更富有创造性和艺术表现力，逐渐形成了自己独特的剪辑风格。1982 年，由他剪辑的电影《伤逝》《知音》获得了中国电影剪辑行业的最高荣誉——金鸡奖最佳剪辑奖，评委给他的评价是："傅正义同志在《伤逝》《知音》中的剪辑创作，准确流畅，有创造性，尤其是《伤逝》旁白画面的剪辑更见功力。"

电影理论家斯坦利·梭罗门曾经警告人们："决不能把剪辑看成仅仅是对一部影片的最后修饰而已。"[①] "剪辑的目的并不仅仅是把片段的胶片按能为人们理解的次序连接起来，以便有条理地进行叙述，而主要是使影片有电影的表现力。"[②] 只有过硬的剪辑技术和不落俗套的"实验精神"，才能成就一个有表现力的视听作品，二者相得益彰，缺一不可。

三、创意剪辑类短视频的界定

基于以上关于"创意"及"剪辑"这两个概念的讨论，我们可以对"创意剪辑类短视频"做出以下定义：所谓创意剪辑类短视频，是指富含不落窠臼的绝妙创意，运用适当剪辑技巧对已有的视听内容进行再创作，呈现内容与叙事逻辑往往给人以耳目一新之感，且时长在 5 分钟以内的类型短视频。

准确理解这一定义，需要强调三点：第一，创意与剪辑是彼此成就、不可分割的关系。创意剪辑类短视频所针对的对象是已有的视听内容，创意就成为视听内容化腐朽为神奇的关键；没有想象力，所谓的剪辑只不过是以玩弄技巧为名，对已有的视听产品的一次破坏或亵渎。

第二，所谓已有的视听内容，既包括由他人所创作完成的视听内容成品，又包括剪辑者为了完成创意短视频而自己拍摄以备后期剪辑使用的视听素材。概而言之，创意剪辑类短视频在本质上是一种基于已有视听内容

---

① 梭罗门. 电影的观念 [M]. 齐宇，译. 北京：中国电影出版社，1986：36.
② 梭罗门. 电影的观念 [M]. 齐宇，译. 北京：中国电影出版社，1986：38.

产品或素材所进行的再创作。

第三，强调在原作基础上的再创作，突显创意元素或创意能力。这个问题牵涉原有视频所有者的著作权、收益权等问题，值得略微多说一些。所谓"再创作"或"二次创作"，是指对已存在的文字、影像、音乐或其他艺术作品的再次使用。具体而言，二次创作是在已存在著作权的文字、影像、音乐或其他艺术作品的基础上所进行的再次加工；通过拼贴、引用、恶搞、仿作、致敬、改编、戏仿等方式瓦解原作品的意义脉络与话语系统，颠覆原先的叙事结构与逻辑关系，重新演绎或生发出新的影像表现力。这样，所谓"创意剪辑"就与单纯的抄袭、剽窃或侵权划清了道德与法律界限。

本书一定程度上认同罗兰·巴特的"作者死亡论"。当作者完成作品并交与市场、观众或读者去接受之后，市场、观众或读者如何对待与处置该作品就与作者没有太大关系了。所谓"一千个读者有一千个哈姆雷特"，市场、观众或读者如何解读与改写作品不该由作者控制，而这恰恰是文化得以多样发展的基点与动力。当然，这并不是对照搬照抄的肯定，任何再创作的作品都要有其独创性。在创意剪辑过程中，作者要善于运用自己的技能、技巧，以使作品传达出不同于原视听作品的思想、情感与精神，使视听影像焕发出新的表现力、新的生机。

第二节　创意剪辑类短视频的类型特征

如前所述，创意剪辑类短视频以创意为先、为要，以剪辑为辅、为次，这一点使得创意剪辑类短视频在所有类型的短视频作品中稍显"鹤立鸡群"，也使得此类短视频具有更多的内在思想、价值。

一、创意剪辑类短视频类型特征

从广义上来说，任何具有一定创意，经由实验性剪辑而完成的短视频都可以称为创意剪辑类短视频，创意剪辑类短视频不胜枚举。而且对于某个特定的短视频究竟是否具有创意这一问题，人言人殊。对这样一个模棱两可的问题，本书的策略是参考点赞量，点赞量高的剪辑类短视频往往具有一定的创意性，因为受众或用户的"眼睛是雪亮的"。

1. 呈现内容年轻化

观察近几年网剧、综艺、电影的内容，都不难看出当前的明显趋势：主流化、年轻化。就本章开头提供的三个案例来看，无论是黄渤加韩剧的"谜之组合"还是《校园小子》的二次剪辑，抑或由剪辑所成就的"魔术"，三者皆呈现了当前年轻人讨论较多的、比较喜爱的元素和内容。而创意剪辑类短视频内容年轻化的背后是以抖音为主的短视频平台用户的年轻化。据《巨量算数：2020 年抖音用户画像报告》，抖音用户超 4 亿，抖音整体人群画像男女较为均衡，其中主要用户的年龄为在 19～30 岁。此外，B 站作为创意剪辑类短视频常出现的另一大平台，其用户构成也在一定程度上可以解释该类视频呈现内容年轻化特征的原因。据艾瑞咨询统计，B 站用户年龄在 24 岁以下的占比 43.73%，25～30 岁的占比 33.91%，31～35 岁的占比 17.52%，36～40 岁的占比 4.28%，40 岁以上的则占比 0.56%。从年龄结构来看，B 站的主要用户是以"Z 世代"为主的年轻群体。从这两组数据来看，视频平台用户的年轻化是视频内容年轻化不可忽视的动因。

2. 素材选取怀旧化

从概念界定可知，创意剪辑类短视频的本质是创作者对自己所喜爱、收集或整理的视听素材或视听成品进行再创作。而这种再创作又不断呈现一种"怀旧化"的趋势。

何为"怀旧"？简而言之，怀旧就是缅怀过去。当前网络上某些剪辑类短视频往往以一些为"90 后""00 后"所熟知的经典影视剧为素材。剪辑者从不同的经典影视剧中剪切、获取自己所需要的片段，然后按照一种新的叙事逻辑将所获素材拼接起来，再为视频配以模仿剧中人物角色的、戏谑的配音，制作出基于经典却又新意盎然的短视频作品。如 UP 主淮秀帮在微博、抖音、B 站都有账号布局，其所发布作品大多基于"90后"所熟知的《甄嬛传》《一起来看流星雨》《新白娘子传奇》等。2020

年 11 月 11 日，淮秀帮发布一则题为《付尾款啦，打工人!》的"双十一特辑"。这一短视频以《甄嬛传》《小时代》等在年轻人记忆中留下较深痕迹的经典视听作品为剪辑素材，通过添加各种配音来戏谑、调侃双十一"付尾款"现象。该视频先后获得 684 万次观看、4.3 万点赞、1.4 万转发。网友醋酸钙胶囊评论道："这个配音的台词谁写的？太有才了!"

用户为何热衷于观看此类基于经典、戏谑搞笑的怀旧短视频呢？除了这些视频本身的搞笑基调与元素外，经典影视剧背后所承载的集体记忆与怀旧情绪或许可以对此做出解释。怀旧就像一种可以确定的、能够让我们在美好的过去寻找安全感的情绪，而怀旧这种情感会逐渐由个人蔓延至集体，最终成就一场集体式的文化狂欢。法国社会学家莫里斯·哈布瓦赫在其著作《论集体记忆》中也提道："个体只有在社会中才能获得记忆，才能进行回忆、识别和对记忆进行定位。"① 网络上互不相识的网友，通过观看"另类怀旧"短视频的方式回忆起了自己曾经在这些经典影视剧陪伴下的相似经历，维系了个体与他人的社会联系，在一定程度上强化了关系的纽带。

3. 传播模式模因化

模因是"储存于大脑（或其他对象）之中，并通过模仿而被传递的、执行各种行为的指令……任何一个事物，只要它能够通过模仿而得以传播，那么，它就是一个模因"②。网络是语言模因模仿、复制和传播的重要场域，互联网所特有的技术便捷性使得任何一个趣味十足且内涵丰富的模因可在转瞬之间传遍网络。

当前网络中大火的创意剪辑类短视频，大多将时下最为流行的"梗"，即模因嵌入自己的视频内容，以此来尽可能实现视频的裂变式传播。本章开头所列举的案例 UP 主"小透明阿九"在哔哩哔哩发布的《如何拒绝别人》及同类型短视频就很有代表性。这些视频中出现的"直男""干饭人""凡尔赛""土味情话""吾辈楷模""网抑云"等词汇及其相关内容

---

① 哈布瓦赫. 论集体记忆 [M]. 毕然，郭金华，译. 上海：上海人民出版社，2002：23.
② 曹进，靳琰. 网络强势语言模因传播力的学理阐释 [J]. 国际新闻界，2016（2）：38-40.

都是在视频发布当下较为火爆的"梗"。在这些视频的评论及弹幕中，内容用户不断重复这些"梗"，甚至以这些"梗"为文案进行二次或多次转发。由"梗"形成的模因通常具有新奇、好玩及反主流等元素，年轻群体更愿意将自己欣赏的有趣信息内容分享出去。当然，在不断分享中，这些模因并非一成不变，而是不断被增值、转化、转换、改造。

万事万物遵循"适者生存"的规律，模因也一样。在流通市场中，只有那些能够经过网民反复比较、选择与使用的模因才能最终获得在网络中生存的机会，这些模因可以被称为"强势模因"。这些"强势模因"在创意剪辑类短视频中的出现，增加了内容消费者在视频中可以寻求的群体认同符号。在观看该类视频的过程中，这些"强势模因"仿佛化身一个个"接头暗号"，获得认同感和归属感的内容消费者自然会喜欢此类视频，并愿意点赞甚至转发。这也正是此类创意剪辑类短视频点赞量、评论量和转发量颇高的主要原因。

4. 剪辑主体普及化

当前的视频剪辑类 App 主要有：VUE、美拍、小影、爱剪辑、剪影、彩视、Apple iMovie、巧影、猫饼等。抖音、快手这两个目前占据市场份额较大的短视频应用也可以进行较为简单的剪辑操作。相较于剪辑门槛较高的专业剪辑软件 Adobe Premiere Pro 和 Adobe After Effects，上述视频剪辑 App 具有门槛低、操作简单、特效丰富、视频模板多样等特点。更为重要的是，这些 App 多具有社交属性，如主打生活社区的视频剪辑 App 猫饼，该应用程序中有许多风格各异的视频滤镜，它们均是由极具经验的电影调色大师亲自设计、完成的。这样一来，用户可以一键选择自己喜欢的滤镜，而节省了自己细致调整效果的时间。该软件中还内设了"连剪""快剪""跳剪"等酷炫但简单易用的剪辑选项，这些剪辑方式可以让枯燥的剪辑过程更具趣味性。剪辑完成之后，用户还可以将自己创作的视频内容分享到猫饼内容社区，用户希望被关注的心理在这一过程中可以得到很好的满足。

越来越多的用户利用视频剪辑 App 的便捷性与易操作性完成自己由内容消费者向内容生产者的转变，成为新媒体时代的"剪辑大师"。而且，只要内容生产者的创意足够有趣，辅之以适当的剪辑方式，视频就有可能在网络"大火"，甚至"爆火"。以"创意剪辑"为关键词在抖音、B站、快手等视频平台进行检索可以发现，多数视频内容制作者并非专业的剪辑师，他们可能来自各行各业，城市白领、小镇青年、小学教师、务工人员、中小学生，任何职业、任何群体都可能成为热门视频的"剪辑大师"。

5. 剪辑技巧无痕化

剪辑技巧究竟无痕化还是有痕化？这取决于具体场景之下视频内容呈现的旨趣。在某些影视作品中，特定情节需要将用户的注意力从一事物转移到另一事物上，这时需要较为明显的剪辑过渡；然而，对于网上的CP（couple，指夫妇、情侣等）类创意剪辑视频而言，剪辑技巧的无痕化是必须的。因为只有这样，才可让用户感到："我嗑的CP是真的！"

万物皆可嗑！"嗑"，原意指聊天、闲谈，也有咬有壳食物或坚硬物品之意。然而近年来，在网络空间衍生了一批以"嗑"为核心的网络热词，如"嗑CP""嗑糖""嗑剧""嗑真人""嗑学家"等，这些网络热词的背后是所谓"嗑文化"的产生与发展。"嗑CP"中的CP指作品中存在恋爱关系的角色配对，后来逐步扩展为"粉丝"出于个人喜好对存在或不存在情感关系的各类人物角色或非人物角色所进行的一种配对。这些CP视频多数是网民根据自己的喜好与想象，利用剪辑拼贴而成的。①

根据"嗑CP"的定义可知，既然要对存在或不存在情感关系的各类人物角色或者非人物角色进行配对，那就要以较为精湛的剪辑技巧将作者及其所面向的用户所想要"嗑"的CP各自的素材拼接在一起，且要使这一拼接过程不漏丝毫剪辑痕迹。B站是这类视频产生的绝佳平台，抖音、快手等短视频平台上此类短视频也不在少数。在一众被"嗑"的CP中，"洋迪CP"或者"荣耀夫妇"这对CP的热度，因《你是我的荣耀》这部电视剧的热播而居高不下。这对CP指的是当红男演员杨洋和女演员迪丽热巴，两人共同主演了《你是我的荣耀》这一电视剧，两人的"CP粉"

① 吴丹. 网络空间的"嗑文化"研究：文本、社群与情感驱动［J］. 东南传播，2020（4）：75-79.

便为其取了以上的两个 CP 名。B 站中有大量 UP 主剪辑、上传两人"看似恋爱"的甜蜜视频，点赞量多在数十万，亦有视频点赞量高达百万的。

之所以说是"看似恋爱"，是因为现实生活中两人究竟关系如何，网民并不知道也不打算知道。一切所谓的 CP 甜蜜不过是 UP 主们运用恰到好处的剪辑技巧所营造的效果，并且这类剪辑往往是毫无痕迹的。网友在"嗑"的同类型的 CP 还有迪丽热巴和吴磊所组成的"磊丽风行" CP。关于这对 CP，UP 主"听说兜里有糖"于 2021 年 8 月 3 日上传了一个时长 4 分 44 秒，名为《吴磊×迪丽热巴 春日永恒丨丨心动不是爱情，心定才是》的创意剪辑短视频。视频中混合使用了两位演员所参演的一些电视剧片段及其所参加活动的片段，运用羽化、淡入淡出等剪辑技巧呈现两人之间看似非常甜蜜的效果，网友在观看这一视频时所发的弹幕有"我迪和磊注定是命中注定""救命，剪得太好了""想艾特两个人，这个剪辑让我感受到了两个人是怎么相处的""好会剪，做彼此的太阳吧"及"这太丝滑了吧"等。

二、创意剪辑类短视频演进简史

创意剪辑类短视频的演进简史还需要从剪辑的出现与发展说起。在电影发明之初，电影和电影放映机的发明人卢米埃尔兄弟拍摄了《工厂的大门》《火车进站》《烧草的妇女们》《出港的船》《代表们登陆》《警察游行》等大量反映人们现实生活场景的影片，后来被称为"纪录片鼻祖"。摄影在这个时期仅仅是"一种重现生活的机器"（乔治·萨杜尔语），"剪辑"这一技巧没有用武之地。在此之后，电影的表现形式不断增多，也逐渐变得更为华丽，如法国人乔治·梅里爱在电影史上首次发明了溶入、溶出、淡入、淡出及叠印等技巧。中外电影史上不乏贡献卓著的伟大人物，例如，对电影发展做出实质贡献、具有划时代意义的伟大艺术家格里菲斯，他被称为"电影艺术之父"。他发现电影语言的基本单位不是场面而是镜头，他把镜头变为了电影意义的基本单位，并提出了现代经典剪辑的观念。在这些艺术大师的一步步推动下，在技术的支持下，有声电影、彩色电影相继问世，而电影不断发展的背后总少不了剪辑的身影。

此后电视剧、纪录片、综艺节目等视听节目则都离不开剪辑充满"实验精神"的艺术神助。只不过，在 4G 时代视频剪辑类 App "走入寻常百姓家"之前，无论是电影、电视剧、网络剧，还是电视新闻、电视深度报道及综艺节目等影视作品的制作与传播在大众媒体时代往往是掌握在政党、政府、大型企业组织或者资本大鳄手中的。"在由政党、政治家、广告主、行业管理部门、专业人士以及用难以计数的方法去影响电视媒体的方方面面的人士所构成的社会场域中，最值得关注但又最容易被忽略的就是电视观众，原因是在传统电视节目的生产与消费的市场流程中，观众始终处于弱势的下游，成为被宣传、被影响、被效果、被追踪的被动对象。"①

但是随着媒介技术的不断赋权，特别是当普通人举起手机拍摄自己愿意拍摄的任何一个场景时，新媒体用户的角色，也从"观众"变成了网络的基础单元——节点。用户同时存在于传播网络、社会网络（人的关系网络）、服务网络三张网中，他们既是网中具有独立存在感的节点，也成为三种网络的勾连者。②

在这种语境下，创意剪辑类短视频的"鼻祖"当然也是很多人所熟知的《一个馒头引发的血案》。本书第五章指出，《一个馒头引发的血案》是中国恶搞视频发展史上的关键节点。说《一个馒头引发的血案》是中国创意剪辑类短视频发展史上的关键节点，也不为过。胡戈在文学艺术和影视界籍籍无名，却利用纯熟的电脑合成技术，独自将《无极》的场景、画面、人物和央视《中国法制在线》的新闻节目画面，加上下载的音乐组合成一部新作品。胡戈认为："自己骨子里是有娱乐精神的。正是这种娱乐精神，将它推上'馒头教主'的位置。"这种"娱乐精神"，其实也正是本章一直在强调的创意为先、创意为主的精神。只有带有"娱乐精神"，胡戈才能瓦解原作品《无极》的意义脉络与话语系统，颠覆原先的叙事结构与逻辑关系，重新演绎或生发出新的影像表现力。在创意剪辑类短视频

① 张健，周爱炳. 融合时代的电视媒体："二元结构"羁绊下的现实困境 [J]. 南方电视学刊，2014（6）：9.
② 彭兰. 新媒体用户研究：节点化、媒介化、赛博格化的人 [M]. 北京：中国人民大学出版社，2020：24.

演进史上，《一个馒头引发的血案》"具有明显的后现代主义文化特征，甚至可以说是其在中国发生发展的一个信号，一个标志性的事件"①。

《一个馒头引发的血案》发布之后 10 年，电脑技术特别是视频的拍摄与剪辑技术长足发展。2013—2015 年，以秒拍、小咖秀和美拍为起点，国内短视频平台逐渐进入中国公众视野，并下沉到"寻常百姓家"。2013 年 7 月，"GIF 快手"从工具转型为短视频社区。由于产品转型，App 名称也去掉了"GIF"的字样，改名为"快手"，口号为"拥抱每一种生活"。在快手 App 上，用户可以用照片和短视频记录自己的生活点滴，也可以通过直播与"粉丝"实时互动，内容覆盖生活的方方面面，用户遍布全国各地。人们能在快手找到自己喜欢的内容，找到自己感兴趣的人，看到更真实有趣的世界，也可以让世界发现真实有趣的自己。而抖音于 2016 年 9 月 20 日上线，是一个面向全年龄用户的短视频社区平台，口号为"记录美好生活"。抖音实质上是一个专注年轻用户市场的音乐短视频社区，用户可以选择歌曲，配以短视频，形成自己的作品。抖音用户还可以通过调整视频播放速度，使用特效（反复、闪一下、慢镜头）等技术让视频更具创造性，而不是简单地对嘴型。

抖音、快手、西瓜等短视频平台纷纷上线让曾经使得普通人望而生畏的拍摄、上传、分享、社交乃至品牌营销就此走下了曾经被技术精英们把持的高高神坛，成为普通人学习、工作、生活乃至娱乐中不可或缺的部分。这是创意剪辑类短视频演进史上的又一个里程碑。

第三节　创意剪辑类短视频的策划与制作

传播技术、环境及政策等在不断发展与更迭，但本书一直强调的"内容为王"这一创作原则仍然适用于创意剪辑类短视频，特别是在各个垂直领域的短视频创作内容日趋同质化、庸俗化、无聊化的当下。缺乏创意、

---

① 张化新.《一个馒头引发的血案》的后现代意义［J］.唐都学刊，2006（6）：107.

制作粗糙、剪辑平平的视频内容上传到网络，所引来的只能是"石沉大海"或"一声叹息"，如同春风吹拂过湖面，激不起多大的涟漪。只有不断提升短视频创作内容的质量，精心策划，用心剪辑，打造独创风格，才能真正吸引网民宝贵的注意力。

一、要在选题上强化用户思维

用户思维需要反复讲，不断讲。制作任何短视频首先需要进行选题定位，这一点对于创意剪辑类短视频来说尤为重要。选题就是确定要做什么内容，要传达何种情绪，阐述什么观点，讲述什么事件，要讲给谁听。[①]这一步相较于后续的剪辑，既简单又复杂。简单在于选题的确定是"一锤子买卖"，只需有个大致的想法与方向；复杂在于有无数的选题方向可供玩味、选择、比较，但创作者结合自身的经验、资源和机会，只能选择一个领域中的某个子领域或子方向，而要实现这一点，必须以用户思维为导向。

短视频内容创作者在创作自己的作品时，要深知不同的短视频类型或内容所面对的用户其需求是不同的，针对不同的用户群体应提供不同的视频内容。为了能更好地满足目标用户的需求，短视频的内容生产者必须先努力洞察用户需求特征，并从用户的需求角度出发，与其建立较强的情感连接，然后"对症下药"，以持续输出目标用户所认可与喜欢的视频内容。没有人不希望自己所制作、发布的视频能被所有人喜欢，然而，现实情况不尽如人意，希望让所有人都叫好的结果往往是各方都不讨好，最终可能会导致传播收效甚微，所以，针对用户需求，必须有所为，又有所不为。

找到目标用户的第一步是进行用户画像，根据画像来确定下一步的选题方向，否则短视频生产者耗尽心力所制作的视频可能对一些内容用户来说是鸡同鸭讲，对牛弹琴。以准秀帮为例，这一短视频制作团队准确掌握了自己的用户群体画像：大多为年轻人，思想比较前卫，他们熟知网络特色用语和句段，对网络的开放、包容、互动、超限等特征有着深切体会。

---

① 张健. 视听节目类型解析［M］. 上海：复旦大学出版社，2018：384.

该团队在选题上就以其用户的群体画像为导向，将选题定位在具有上述特征的年轻人可能会感兴趣的内容，而不会去做"广场舞""晨练"等更吸引中老年群体的视频选题。

二、创作上兼顾"内容为王"与"流量为王"

根据用户画像确定选题后，就可进入视频内容的制作与剪辑环节。这一环节的创作需要内容创作者将自己的整体思路、创意与叙事逻辑以脚本的形式记录下来。在这一环节中，"内容为王"与"流量为王"要同时兼顾，而不能顾此失彼。其中，"内容为王"在前面几章已再三讨论，"内容为王"不仅要以优质的内容取胜，而且要体现在视频策划与制作的方方面面。因而，此处将把更多篇幅放到"流量为王"这一方面。

"流量为王"是针对内容消费者的角度而言的，是需求决定供给的体现。"流量为王"，必然要争取最多的消费者，才能使流量最大化，这里就涉及一个如何争取消费者，如何创造流量的问题。① 从符号上来看，拍摄者先要观察当下目标用户中最为流行的"模因"或"梗"是什么，然后选取拍摄者自己较为了解且感兴趣的一些"梗"，将这些"模因"自然地运用到视频的剪辑、配音或配乐当中。拍摄者之所以需要采用时下流行的"模因"或"梗"，是因为其本身在通常的网络流通中已经具有了话题度，也自带流量，而且这些"梗"自带裂变传播特性，将这些"梗"运用到即将创作的视频中则可以让视频内容实现"草船借箭"之功效并乘风直上，尤其对前文所强调的"强势模因"要高度关注。

当然，运用"强势模因"或"热梗"仅仅是一方面，关键还要看创意如何与"强势模因"或"热梗"结合得严丝合缝、浑然天成。

富有想象力的创意还要针对视频成品将来发布的平台。以 B 站为例，若创意剪辑视频打算在 B 站上发布，那么按 B 站用户所喜爱的"鬼畜""二次元"形式去整理、剪辑素材未尝不可。以抖音短视频平台为例，据

---

① 喻文益."流量为王"的"善"与"恶"："质量为王"才是真正的"王道"[J].人民论坛，2019（6）：124-126.

《巨量算数：2020 年抖音用户画像报告》，抖音用户偏好的视频类型为演绎、生活、美食类视频；情感、文化、影视类视频点击率增长较快。那么在此基础上，内容创作者在创作视频的过程中，可以更多地考虑以上所提到的抖音用户所偏好的视频类型。其中，情感类视频点击率增长速度较快，可以抓住这一风口，通过在视频中输出"强势模因"或"热梗"迅速引起目标用户的共鸣，提升视频的阅读量、点赞量及转发量，增强用户黏性。这一点，抖音平台上大量表达"爱而不得"情感的视频深得其中三昧，自然会产生阅览量、点赞量及转发量较高的结果。

三、要确立以素材档案为中心的收集体系

既然创意剪辑类短视频是对既有视听信息或影视资料的再创作，那么生产者在从事此类视频的生产或制作时，拥有多少作为创作原材料的既有视听信息或影视资料就成为一个比较突出的问题，所谓"手中有粮，心中不慌"。

本书认为，一个并非仅仅突发奇想，或仅仅在创意剪辑类短视频领域浅尝辄止的视频生产者需要拥有长远规划、持久兴趣与创作愿望。将创意剪辑类短视频的制作当作事业的生产者更应该将素材的选择与收集作为创意剪辑类短视频制作中的重要一环。要获得大量的、高质量的影视素材资料，确保创意剪辑工作的常态化、制度化、规范化，视频生产者就应该确立以素材档案为中心的视听资料体系或自己拍摄的音视频资料收集体系。具体而言，这个素材档案的收集体系要包括以下几个方面。

一是既要严格按照选题主题进行素材搜索，又要大开脑洞，依照主题尽可能丰富素材形式，如音频、表情包、动画片、手绘、视频新闻，甚至还可以包括各种二次创作过的素材或影视资料。这样做的目的是广种薄收，先解决素材或影视资料的存量问题。互联网时代，海量的信息库使得收集多种、多方素材变得更加便捷，应充分利用这一技术优势，做到多多益善，物尽其用。

二是素材收集日常化。所谓"不积跬步，无以至千里"说的就是这个意思。音视频资料、影视素材的收集并不是从某个具体的创意开始，相

反，这种资料的收集应该贯穿于平常阅读或网络浏览的每时每刻。收集音视频资料应该可以说是短视频生产者的日常工作，应贯穿于生活、娱乐等各种场景之中。假如短视频的生产主体是组织化的企业、公司，这种影视资料或音视频信息的收集应该交由专门的部门或工作小组来完成。为了保证素材的质量与收集效率，甚至需要建立一套系统的资料收集标准。

三是要建立一个存放各类视听素材的档案库，不管是数字化、多媒体的电脑文件夹还是实物性的影视资料库。收集的素材要注意信息完整，包括成品或素材的制作者、主题、内容提要、制作时间、音视频画质或音质、保存时间等；甚至还可以包括相关音视频资料被改编、再创作的历史；影视资料档案还要保证标准的统一、完整，格式的整齐与连贯。

四是影视资料要常看常新。建立影视资料档案库之后，创意剪辑短视频的生产者应该时常浏览、观看档案库中保留的各种音视频；可以在日常的内容浏览中将自己认为有趣并在后续的内容创作中可能用到的素材做些记录或标记，以待他日之用。

最后，在建立影视资料或视听档案库的时候还要注意版权保护问题。按照法学理论的说法，版权保护不是要"如何防止使用"，而是要"如何控制使用"。所以，在围绕影视资料或素材建立视听档案库时一要有明确的版权保护意识，不仅每个现代媒体人应该具有基本道德观念、责任观念，而且每个现代公民也应该具有法治观念、守法意识。更重要的是，确立基本的版权保护意识，既可以避免侵权官司影响正常创意剪辑工作的开展，又可以在人人尊重版权的市场环境、法治环境中保护自身权益。

四、要在剪辑技艺上精益求精

本书一再强调，剪辑是对所收集的音视频资料或自己积累的素材的再创作，是创意剪辑类短视频制作中的主要环节之一。这一过程需要剪辑者拥有、熟练的剪辑技术，如庖丁解牛一般，于音画流动中呈现绝佳创意。为了保证不同的音视频片段在组接时具有连贯或对应的视听觉关系，保持视听觉上的顺畅，创意剪辑类短视频可参照以下规则。这些规则虽然来源于电影电视的胶片时代、荧屏时代，但历经多年验证，时至今日仍对短视频剪辑工作有莫大的借鉴意义。

1. 视线匹配规则

视线是一条假象线，它建立在角色与被观察者之间。视线的方向性创造了令人信服的空间连贯性。[①] 假如镜头 A 表现有人看着屏幕外的某样东西，镜头 B 就应该向观众展示他所看的究竟是什么东西。在这种情况下，用户会沿着这条假象线，越过剪辑点，进入新的镜头，"视线匹配"的效果便由此产生。而有时反向使用这一方法，其效果仍是如此。比如在 B 站中，UP 主"日光月影"发布了一个名为"young & beautiful【迪丽热巴×杨洋｜你是我的荣耀】顶奢颜值 绝代芳华"的视频，该视频的男、女主角分别是杨洋和迪丽热巴。该成片是视频创作者基于两人各自的视频素材所进行的再创作。这一视频之所以能让用户大赞其剪辑手段高明，是因为UP 主恰当地运用了视线匹配原则，以使视频连接流畅无痕、转切自然。该视频中的多次转场都是顺着男、女主角的视线不断推进完成的，而这一操作带给观众的视觉感受便是男、女主角所看向的位置正是彼此身处的位置。尽管两人身处不同的画面情景中，这一视线的匹配很好地将不同素材合二为一，融为一体。这种匹配方式的优势在于，在将两个镜头连接起来的时候不用过多考虑景别的问题。换而言之，在连接两个镜头的时候，这两个镜头可以是全景，也可以是特写，而这主要取决于影片叙事的逻辑。

2. 30°规则

30°规则是指以一个镜头连接另一个从不同角度拍摄的镜头时，镜头转动的角度不应该少于 30°。或者说，对于同一拍摄对象而言，新的拍摄角度和前一个角度必须不少于 30°，否则两个镜头剪辑到一起时就会看起来非常相似，这就会造成视觉上的跳跃。而这种跳跃是镜头切换没有明确的、显著的视觉目的所造成的。当然，这并不是说，两个镜头的拍摄角度如果小于 30°就一定不能将这两个镜头连起来，比如说，当镜头从全景转为大全景时，虽然两个镜头间的拍摄角度没有太明显的变化，但是由于这两个镜头间的景别变化明显，观众同样可以看出那是一个剪辑点。

[①] 张弦. 数字剪辑［M］. 广州：暨南大学出版社，2018：43.

3. 动作连贯性规则

在一段视频中出现动作不连贯问题是最容易被用户诟病的。在影视剧的拍摄过程中，导演习惯把一个动作分解成几个景别和视角不同的镜头，而剪辑师需要做的是把这些分解的镜头重新连接在一起，形成一套完整的动作。如果镜头间的动作匹配流畅、连贯，观众一般不容易发现视频的剪辑痕迹；反之，则剪辑痕迹显而易见。保持不同镜头动作的连贯绝非易事，因为在把不同运动镜头放在剪辑软件的时间线上之前是很难看出两个镜头是否能够比较完美地匹配的。即使在剪辑软件上可以方便地反复观察剪辑点，也不能解决动作本身不匹配问题。为此，剪辑师在进行动作连贯的剪接时有几个关键点需要注意：其一，两个镜头运动的方向需要保持一致；其二，两个镜头中物体的运动速度应该相似；其三，尽量将在景别和拍摄角度上有变化的镜头连接在一起；其四，最好让两个镜头里的运动主体都在画面中。①

动作连贯这一点对于创意剪辑类短视频的制作尤为重要，因为在此类短视频中，许多视频是通过拼接、剪辑不同影视作品的片段，再辅以恰到好处的配音而完成制作的。这就需要视频中的人物保持动作的一致性与连贯性，如此观众在观看视频时才不会察觉出明显的"拼接感"，视频整体也才更容易"以假乱真"。

总体而言，不管使用何种镜头匹配方式，其目的都是让视频画面可以流畅地转换，让用户的注意力不会因为镜头切换而被打扰，从而保证视频叙事的流畅性，为用户提供一流的观看体验。

五、文案要抓人眼球、直击内心

细心的读者在快速浏览短视频时发现：一些短视频平台上存在很多内容相似的短视频，有些视频内容并没有另外一些视频内容质量好，但是这些短视频的点赞量和播放量却比内容较好的视频要大。那么，这是什么原因造成的呢？推广文案的优劣或许可以解释。

① 张弢. 数字剪辑 [M]. 广州：暨南大学出版社，2018：45.

对于任何短视频创作者来说，打造爆款视频应是其重要的目标。然而，想要打造爆款短视频，除了优质内容、无痕剪辑之外，视频最后发布、呈现的标题，具体的文案也同样重要。原因在于，算法推荐是各大短视频平台在推送视频时的主要方式，其推送逻辑是将视频内容与用户的兴趣相关联，而平台判断主要是从标题、标签、话题、用户反馈等方面进行考量。因而好的文案、好的标题不仅可以增加封面图向外传递的信息量，同时还可以使短视频内容更加清晰简明，以快速吸引住用户的注意力。信息爆炸的时代，各类短视频越来越多，令人眼花缭乱，用户每天面对着让人应接不暇的信息推送，浏览时间又非常有限。在这种情况下，用户更倾向于选择自己感兴趣的话题，这使得抓人眼球、直击内心的文案、标题变得愈发重要。

直击内心的文案、标题可以从表达力、吸引力、引导力这三个层面来进行思考。表达力是指所用文案可以让用户快速知晓与该文案所匹配的视频所要传达的内容信息是什么，进而产生进一步了解的欲望；吸引力指的是短视频封面的文字标题要能够吸引用户眼球，在众多同质化内容中让用户眼前一亮；引导力与吸引力不同，吸引力是让用户对短视频的内容感兴趣，但是感兴趣之后还需要引导力促使用户评论、点赞或观看账号内的其他视频。①

那么，对于创意剪辑类短视频的文案、标题来说，该如何从表达力、吸引力及引导力三个维度下功夫？表达力要求用最精简的话呈现最全面的内容，以便让用户在浏览到该视频时一眼就可获得最大的信息增量。例如，在淮秀帮的系列创意剪辑短视频中，"影视剧女反派群聊：互相伤害，不如相爱！""假如影视剧讲塑料韩语，有内味了！"等。这些文案都是用寥寥几个字就说明了视频的主要内容，同时也点明了视频主题，使用户可以通过这些文案了解视频将要讲述的整体内容是什么。

吸引力则需要着眼于目标用户的兴趣，在文案或者标题中呈现可以直

---

① 别昊. 制作刷屏级的爆款短视频：标题文案篇 [J]. 中国眼镜科技杂志，2020（9）：35-37.

接吸引用户的要素就是明智的选择，这些要素可以是流行的"强势梗"，也可以是当下网络讨论热点。例如，B 站中创意剪辑短视频的标题文案有："干饭人之魂！""反杀土味情话"等。这些文案中的"干饭人""土味情话"都是 2020 年的热梗。这些文案中的要素贴合用户兴趣，可以增强视频对用户的吸引力。

第八章

技能分享类
短视频

◉ 案例8.1 "狠毒女孩Money"美妆视频

"狠毒女孩Money"原名叫罗曼莉，是一位美妆博主，以大大咧咧的性格和幽默风趣的表达深受"粉丝"们的欢迎。关于她的名字由来，她说是因为减肥问题，之前她的体重达110千克，为了让自己更加健康，她选择了减肥并且对待自己的嘴巴很严格，所以叫自己狠毒女孩。Money是来源于她的本名，快速念"曼莉"和Money的发音很相像。"狠毒女孩Money"目前在抖音上有424.8万"粉丝"，发布作品355个，点赞量3 062.4万，"粉丝"以女孩子居多。作为一个美妆博主，她向"粉丝"推荐各种彩妆产品和护肤品，自己出钱买来各种产品给大家做测评，教授化妆的小技巧、小方法，受到许多女孩子的喜爱。

美妆博主"狠毒女孩 Money"

由于家里从事美妆行业，罗曼莉从小就对美妆特别痴迷，一开始她也是跟着网上的化妆教程学习，不断练习化妆技术，熟练之后就开始尝试自己拍摄化妆视频。她表示自己做美妆博主，一方面是出于兴趣爱好，另一方面是想帮助那些不会化妆或不会挑选美妆产品的女孩学习更多美妆知识和技能。

◉ 案例8.2 "日食记"美食视频

"日食记"是国内美食类短视频中原创性、商业化都做得较成功的自媒体之一，在抖音平台上拥有238.2万"粉丝"，在B站上拥有460.7万"粉丝"。"日食记"在现实生活的基础上取材，构造出一个"一人一猫，三餐四季"的温情故事。创始人姜轩在视频中化名"姜老刀"，那只猫名为"酥饼"，是姜老刀在路边捡到的流浪猫，姜老刀将其收养在了工作室。2013年12月30日是日食记的诞生日，用"姜老刀"的话来说，因为自己平时就会给员工做饭，抱着拍一拍玩一玩的心态，拍了一期美食的视频，名为《圣诞节的姜饼人》。该视频在网络上获得较好反响，于是姜老刀不顾合伙人反对将自己所经营的影视公司"罐头厂"正式转型，开始运营美食类短视频并取名为"日食记"。日：时光，岁月。食：食物。记：记录，日记。这便是日食记名字的来由。①

"日食记"主要出镜人物姜轩和他的猫

"日食记"最吸引人的地方在于其不仅分享美食和美食的做法，还向用户传递出热爱生活的积极态度，这种场景化的叙事方式更容易让"粉丝"产生好感。

◉ 案例8.3　帕梅拉健身视频

帕梅拉是在全球都有着超高人气的健身博主，人称"健身魔鬼"。她在Ins上面已经拥有了超过700万的"粉丝"，油管上也有将近600万"粉丝"。2020年6月，帕梅拉开始入驻中国内地各大短视频平台，截至2021年1月其B站"粉丝"已经近400万。帕梅拉有着姣好的面容和魔鬼身材，在一众健身博主里非常亮眼。她的健身视频并不像大部分的健身视频那样零碎，而是充满了计划性，她本人非常鼓励"粉丝"合理安排训练计划进行跟练，还会在个人社交账号贴心发布每周推荐训练安

帕梅拉健身视频截图

---

① 罗雅文. 美食类短视频自媒体的运营策略分析：以"日食记"为例［D］. 武汉：华中科技大学，2017：15.

排、肩、背、腹、臀、腿、燃脂、拉伸……几乎涵盖了家庭健身的所有分类。

从"粉丝"的反馈来看，帕梅拉的健身技能分享视频对她们减脂塑形确实有非常大的帮助，帕梅拉对于"粉丝"的影响，已经远远不止健身视频带来的身材改变，她的名字成为"自律""强大"的代名词，她的人格魅力和精神，也在深深影响着互联网时代的运动爱好者。

微信创始人张小龙在 2021 年的微信公开课中说："我一直认为，社交的本质是找到同类。状态，是用来给人看到的，最好还是给同类的人看到。"纵观人类社会的媒介演进史，从口耳相传，到书信往来，再到电视、广播、互联网的飞速发展和普及，可以说所有媒介的出现其实都是为了满足人们分享交流的需求。如今，随着短视频行业日益规范化和垂直化发展，人们能够通过更具参与感、更立体直观的形式互相分享和学习技能，这种形式的代表便是技能分享类短视频。根据 36 氪研究院发布的《2019年短视频平台用户调研报告》，用户使用短视频的原因较为集中，有趣、学习、分享已成为关键词；就使用目的而言，用户中为了学习有用的知识和技能及分享生活的分别占 65% 和 63%。该报告还指出，短视频平台已经成为用户利用碎片化时间学习的一种工具，除了职业方面的内容外，在非职业内容的选择上，超 50% 的用户选择了关注生活小技巧、兴趣爱好、穿衣搭配等侧重于学习经验、技能类的内容。

第一节　技能分享类短视频的概念

从字面上看，技能分享类短视频就是指那些明显带有经验分享、技能传授目的的短视频。这类短视频涉及工作、学习与生活的方方面面，用户在任一平台都能刷到自己感兴趣的技能短视频，也可以作为分享者上传自己拍摄或制作的技能短视频。与其他类型的短视频相比，技能分享类短视频更加注重双向互动，分享者需要及时知道自己在社交媒体平台分享的技能是否实用，以及其他用户对分享的技能有何反馈。

一、技能分享类短视频的界定

"技能"一词是教育学的基本概念之一，是指个体运用已有的知识经验，通过练习而形成的智力动作方式和肢体动作方式的复杂系统。技能带有一定的操作技术性质，它以动作或行为方式为人们所掌握。按其性质和特点的不同，技能可分为动作技能和智力技能。两者的区别在于动作技能主要表现为外显的肌肉骨骼的操作活动，如打球、骑自行车、织毛衣之类的技能；智力技能主要表现为内隐的认知操作活动，如心算、写作构思、工程设计之类的技能。

按照有学者的说法，技能在文化形态上，是以程序式知识的形式存在，是一种有关动作操作和智力操作的系统程序；技能是一种程序性知识，是解决问题的方法；技能形成的标志是能够熟练或顺利完成某种智力活动或操作任务，因此，技能学习的要求更高，是一个手脑并用的过程，且需要足量的练习，否则达不到自动化的程度。[①] 与能力这种隐性的心理特征相比，技能更侧重于动作和动作方式的概括，是看得见摸得着的，分享者可以直接与学习者进行交流，通过一定时间的模仿、练习，学习者就能够学会。

就技能分享来说，比如可乐的"5种脑洞用法"，勺子的"8种逆天用法"等，以口头或书面的形式都不足以将其解释得具体而全面，分享者往往很难完全表述清楚其精髓。而短视频这一传播技术的出现就在很大程度上解决了这一问题，生动而具体的动态影像更能让学习者快速理解和掌握分享者所传达的技能信息。人称"健身魔鬼"的帕梅拉在个人社交账号贴心发布每周推荐训练安排，肩、背、腹、臀、腿、燃脂、拉伸……几乎涵盖了家庭健身的所有分类。知乎网友评论说，她的视频最大的亮点就是，既大众化又专业有效。视频中的动作和发布的每周健身计划专业性都很强，符合健身逻辑。按照帕梅拉的方法训练，减脂和塑形的效果很好。

相比时政类、恶搞类、创意剪辑类等类型，技能分享类短视频恐怕是

[①] 邱龙. 有关化学用语技能的阐释 [J]. 考试周刊. 2017 (35)：53.

目前整个视频行业中唯一将"分享"作为其安身立命之根基的视频类型。换言之,在技能分享类短视频的内涵与外延方面,技能要具有一定程度的实用性、专业性、可重复性、可学习性。技能是视频拍摄的主要内容,也是吸引用户的主要途径与手段,而分享则要求此类技能并非那么高精尖,而是着眼于日常工作、生活,突出实用性、功能性,是人人可以通过简单模仿、训练甚至重复的学习就可以掌握的。这样本书可以将技能分享类短视频定义为:用户将自己在平时工作、学习与生活中总结得来的经验、技能、技巧等以短视频的形式拍摄、制作出来,并上传至短视频平台,希望其他用户来分享的一类视频;这类视频的发布或是为了个人形象展示和社交关系维护,或是为了社会化媒体营销,是一种注重双向或多向互动的传播方式。

二、技能分享类短视频的类型划分

对视频的生产主体而言,技能分享类短视频可以划分为个体与组织两个层面。从个体层面来说,用户自行上传技能分享类短视频,既有自我展示的目的,又有维系社会交往的目的,分享者通过技能分享这样一种有意识的社交活动来建立和发展与目标用户之间的联系。从组织层面来说,当下很多技能分享类短视频的发布主要出于社会化媒体营销的目的,比如一些技能分享短视频当中穿插的产品推荐。社会化媒体营销常常追求口碑效应,因而一个优秀的技能分享自媒体号的运营、KOL 的打造和用户关系的维护就显得非常重要。

由于"技能"本身涉及人们工作、学习与生活的方方面面,因而技能分享类短视频的内容涵盖范围也非常之广泛,本书将内容作为主要参照点,将技能分享类短视频划分为学习型技能分享类短视频、生活型技能分享类短视频两个大类。

1. 学习型技能分享类短视频

学习型技能一般是指那些为了某种专业或职业需求而总结出来、偏向知识型的技能,例如,英语口语技能、应用软件使用技能、艺术或体育方面的实践性技能等。这类技能的视频更注重专业化,不会过多地强调趣味性，因而相比美食、穿搭等更生活化的短视频，吸引力相对较弱。另外受到专业的限制，这类短视频的用户面也不如生活型技能分享短视频广阔。

尽管如此，学习型技能分享短视频仍然以自身的内容优势在同质化、泛娱乐化的短视频市场中赢得了一席之地，正在不断吸引更多的用户，短视频的教育作用愈发显著。学习型技能分享短视频可大致分为学科知识技能分享与实用软件使用技能分享两类。

（1）学科知识技能分享短视频

主要以学科理论知识为蓝本，从中总结出来一些实用学习技能，以满足那些在学校学习或在工作单位接受培训之余仍想要丰富提升自身技能的人群的学习需求。此类视频的用户多为大专及以上学历的用户，他们因学习或工作上的需要，必须利用闲暇时间来学习更多知识技能，以提升自己的竞争力，达到理想的学习或工作状态。以英语学科为例，学习上涉及英语考级考证，工作上涉及日常口语交际，实用技能的掌握能为用户在短期内快速提升英语水平，开启"通关之门"。比如在小红书平台拥有 7.4 万"粉丝"的学习博主"同传 Amy 小姐姐"，她所发布的视频主要是英语干货分享，面向的主要用户是学习英语同声传译、从事翻译工作或工作中有英语口语能力要求的人。从 2020 年 6 月开始，她在自己的小红书号上陆续开设了"跟同传学英语""跟同传练口语""30 天打卡学音标""口语训练语料训练"等板块，引

英语学习博主"同传
Amy 小姐姐"

导"粉丝"跟着自己每日打卡练习。仅半年多的时间"同传 Amy 小姐姐"就收获了 7.4 万"粉丝"的点赞、7.5 万"粉丝"的收藏。当然，由于她分享的所有技能都偏向内容的输出，没有注重个人 IP 形象的塑造，以及与

"粉丝"的互动，从"粉丝"的反馈来看基本上都是针对分享内容的回应，对于博主本人并无太多关注。

不可否认，优质的学习类技能分享短视频应该注重内容质量的提升，但仅仅基于内容的互动并不能使得视频的传播效果最大化，个人 IP 形象的塑造和维系是短视频号能运营得更为长久的保障。当前各大短视频平台也有不少在这方面做得比较成功的案例。比如 B 站知名学习 UP 主"空卡空卡空空卡"是一名正在攻读硕士学位的研究生，她的短视频面向的用户群体是正在备考或读研的学生群体，内容兼具实用性与趣味性，都是该博主结合自己考试和读研的亲身经历总结出来的技巧。与此同时她还比较注重与"粉丝"的互动，及时回复"粉丝"的提问，也注重个人形象的塑造，比如拍摄自己在校园里的 vlog，记录自己如何减肥、如何化妆，这些是其与"粉丝"互动的手段。

（2）实用软件技能分享短视频

主要分享人们在学习和工作中常常运用的软件运行技巧。随着社会信息化速度的不断推进，计算机已经成为人们学习与工作都不可缺少的工具之一，但各种软件的使用对很多人来说都是一大难题。如果没有接受专门的培训，全凭自我摸索很难完全掌握一些专业性较强的软件的使用方法，加上现在网络培训成本上升，很多人并不愿意为学习这些技能而付费。

目前短视频平台的实用软件技能分享短视频基本上都是一些善于探索的用户基于自己的兴趣爱好，利用自己的闲暇时间制作出来的教程短视频，这类视频还处于零星散布的状态。换句话说，创作者的版权和 IP 意识还不够强，因而用户对于此类视频也是按需自取，基本上不会和短视频创作者形成互动关系，目前也没有比较知名的头部 KOL。

2. 生活型技能分享类短视频

生活，是人们除了工作、学习之外又一绕不开的重要话题。随着社会经济的发展，人们生活的富足，提高生活水平成了家家户户所追求的重要目标之一。尤其是出生于经济快速发展时代、"4+2+1"家庭中的"Z 世代"，物质生活富足，同时他们也深刻影响着家庭消费决策，建立起家庭中的消费话语权。人们对于高质量生活水平的追求、消费意愿及消费能力的提高使得生活类技能分享短视频的市场前景较为可观，同时这类视频也更适合打造头部 KOL 进行社会化媒体营销，利用"粉丝"效应实现广告植入、带货等营销目的。

由于生活本身涉及的面就非常广泛，对于生活型技能的分类很难做一个明确的划分。本书主要以美妆、美食两个方面为切入点进行分析。

（1）美妆类生活技能分享短视频

主要是以个人出镜示范的方式，分享自己在日常化妆或护肤过程中总结出来的做法、经验和技巧。美妆是指运用化妆品和工具，采取合乎规则的步骤和技巧，对人的面部、五官及其他部位进行渲染、描画、整理，增强立体印象，调整形色，掩饰缺陷，表现神采，从而达到美容目的的活动。化妆的确能在很大程度上提升一个人的精神、气质，但化妆技能的不足或手法不当很容易适得其反。现实中精通化妆技术的人并不多见，也并非所有女性都有充足的时间去研究各种美妆产品特性、肤质特性及相应的化妆技巧，因此产生了以美妆为职业的群体。随着短视频平台的发展和MCN 机构的扶持，美妆博主这一群体开始在各大短视频平台"遍地开花"，已具有职业化趋势，其在推动美妆产品营销方面的力量不容小觑。

值得注意的是，美妆过去一直被视为女性专属，女性是美妆消费市场的主力军，也是美妆技能分享的"行家"，男性在这一领域一直处于边缘化的地位，但近年来随着社会开放度和包容度的提高，人们的审美变得多元化，男性在美妆领域被边缘化的情况已经大有改观，男性成了美妆市场的新生群体。从男艺人代言各类美妆产品，到越来越多的男性成为美妆博主，男性在美妆短视频领域的潜力逐渐发挥，这种性别差异化的营销策略获得了良好的传播效果，知名淘宝网红主播、"口红一哥"李佳琦就是一个成功的范例。

（2）美食类生活技能分享短视频

主要是指将做菜的烹饪技法以视频的方式按流程呈现出来的一类视频。该类视频不仅传播了膳食技能这种有用信息，也彰显出一种热爱生活的态度，还通过平台集聚"粉丝"，打造美食类 IP，从而实现营利目的。中国人历来对"吃"研究颇深，中华民族世世代代形成了丰富的美食文化积淀，"八大菜系"各有千秋，各种烹饪方法推陈出新。"菜谱"这个纸质媒体时代流传下来的词，到了短视频时代，就演化成了各式各样独具特色的烹饪技能分享短视频。很多对膳食、烹饪感兴趣的人或擅长于烹饪的专业厨师纷纷在短视频平台上开通账号，将自己的经验、心得和技能分享给他人。

在短视频的传播上，不同的美食博主也有不同的传播策略。以抖音平台上拥有 104.3 万"粉丝"的美食博主"明月美食"为例，她的部分作品是将自己做菜的视频和影视、综艺与艺人相关的视频拼接在一起，在文案上也附带上知名艺人的名字，比如"黄磊教做菜""李冰冰说好吃的……"这些视频与她之前上传的仅有做菜画面的视频相比，点赞量明显要大很多。这其实就是在借势传播，使得自己的短视频更吸引眼球，更有话题度。

还有强调个人形象塑造和生活态度传达的美食类生活技能短视频，比如知名美食博主"日食记"，该账号所发布的视频中，博主本人"姜老刀"和一只名为"酥饼"的猫是主要出镜者，给"粉丝"讲述一人一猫、三餐四季的温情生活，故事情节的代入使得美食类短视频的生活特性更加显著，"粉丝"的黏性也相应地更高。

第二节　技能分享类短视频的类型特征

随着移动互联网科技和短视频行业的快速发展，各大短视频平台纷纷入场瓜分流量，逐渐形成了"两超多强"的行业格局，初步构建起以流量和用户画像攻城略地、定纷止争的市场规则。技能分享类短视频以内容的垂直细分、分享方式的动态化与创作导向的场景化等鲜明特征立足于短视频流量大潮之中。

一、分享内容的垂直细分

在经济学上，垂直细分市场是指针对某个行业进行推广、宣传和服务，它可以更好地提升用户体验，节省推广成本，也可以让顾客更方便快捷地找到想要的信息。假如垂直是拿刀把蛋糕分成几块的话，那么细分就是将其中的奶油、水果、蛋糕胚、巧克力等分离开来。因而"垂直化"其实就是内容领域的细分化，但需要注意的是，这种细分是纵向延伸的，而不是横向扩展的。举一个简单的例子，在新冠疫情的影响下，人们格外关注健康领域，那么健康领域又可以垂直细分为疾病、养生、医疗等次级领域，当然这些次级领域依然比较宽泛，还可以一级一级向下细分。垂直领域的特性比较突出，所面向的群体有着某种特定的属性，比如关注养生这一细分领域的人，可能在年龄层有共性，可能在心理需求上也存在某种共性。

对于技能分享类短视频而言，"垂直化"是其必备的拿手好戏。短视频创作者之所以要进行技能分享，是因为这个 UP 主是某一领域下某个或某几个子领域的业务、技巧或技能的高手。以抖音上拥有141.7 万"粉丝"的用户"小熊奶黄包"为例，这一用户的视频主要是分享简笔画的绘画技巧。在绘画这一宽泛领域中，该用户紧紧抓住"简笔画"这个小领

绘画博主"小熊奶黄包"

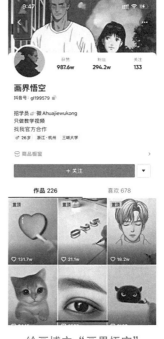

绘画博主"画界悟空"

域，教视频观看者画偏日韩系的可爱简笔画。而另一个 ID 名为"画界悟空"的抖音用户虽然也分享绘画技巧，但他主要教的是铅笔画的绘画技巧，并且他所教授的绘画风格是立体写实的，配合有趣的讲解方式，他在

抖音平台也获得了很多关注。

仔细浏览各大短视频 App 或网站，技能分享类短视频的内容可谓五花八门，三教九流，诸子百家，无所不有。根据中国银河证券研究院发布的报告显示，B 站内容品类涵盖了动画、音乐、知识、生活、时尚、数码、游戏等，而每一类中又垂直细分了很多个小类。以"知识"这一板块为例，其中包含了科学科普、人文社科、财经、校园学习、职业职场等，而这些小类都包含了许多技能分享类短视频选题。该报告还提及，B 站的主要用户是"Z 世代"群体①，这一群体的一个突出特征是热爱学习，擅长借助互联网工具来获取知识，学习新的技能。作为与互联网共生的所谓"网生代"，该群体在短视频平台里消耗了大量的时间和精力并不完全是用来娱乐；观看技能分享类短视频，在满足自身放松需求的同时，短时间内可以获得他人智慧、经验、技能，从而获得实实在在的自我提升、自我成长、自我掌控的满足感。②

用户对于快速获取信息、提取干货、随时随地学习的需求在不断增长，并且各大短视频平台也在推出各类计划鼓励知识型、技能分享型的创作者积极进行内容产出，比如 B 站推出了"知识分享官招募令"活动，为知识创作者提供百万奖金和上亿流量支持。由此，各个领域拥有特殊技能的人更加愿意进行技能分享类短视频的创作，从而共同打造一个视频内容垂直化的创作生态圈。这个生态圈的良性发展反过来又刺激更多细分领域的优质内容生产，从而满足更多用户的学习需求，推动短视频平台打造更加积极向上的正面形象。

二、分享方式趋向动态化

迈克尔·波兰尼认为知识可以分为显性知识和隐性知识两种。所谓的显性知识是指以书面文字、图表和数学公式加以表述的，仅仅是一种类型的知识；而隐性知识则是指未被表述的，像我们在做某事的行动中所拥有

---

① "Z 世代"群体对互联网依赖程度高，并且根据 Quest Mobile 研究报告显示，这一群体有更高的消费意愿和能力。

② 陆星宇. 从需求看短视频内容知识化转向 [J]. 家庭科技，2020 (8)：21-23.

的知识，这种知识最显著的特性是不能通过语言、文字、图表或符号明确表述，它具有个体性，是人类非语言智力活动的成果。①

隐性知识分为技能类和认识类两种。毫无疑问，技能分享类短视频所分享的技能就属于隐性知识，这种难以被编码的知识因为缺乏元传播符号而难以为普通用户所理解和吸收，但是短视频这一传播形式很好的地弥补了隐性知识传播上的不足。短视频具有直观化、即时化、社交化特征，技能的传授可以通过创作者进行实操或者动画模拟来呈现，将隐性知识转化成易于描述和易于理解的显性知识。此外，短视频中可以加入音频、转场特效等，让静态的知识动态化，这种技能传播方式能够让用户更轻松、愉悦地接受知识，调动起用户的学习热情和积极性。比如，生活类技能、美食制作教程、办公软件教程等隐性技能分享类短视频，创作者往往会将其按步骤进行划分，"手把手"进行教授，短短几十秒，用户可以"边看边学"或"边干边学"。另外，视频创作者还可以选择出镜讲解，与用户面对面交流，也可以选择声音入画讲解，或干脆就加上背景音乐，只展示技能的分解步骤。无论是哪一种分享方式，都能给用户"一对一"教学的感觉，从而营造出一种身临其境的效果。

以抖音上拥有87.6万"粉丝"的用户"王松傲寒"为例，他主要分享拍摄、剪辑和导演思路的干货。以他2020年4月6日发布的一条点赞量较高的视频进行详细说明，这一视频主要分享的是春天赏花如何拍出有质感的大片。视频画面中创作者仅有双手出镜，一边讲解一边操作（表8-1）。

---

① 波兰尼. 个人知识 [M]. 许泽民，译. 贵阳：贵州人民出版社，2000：32.

表 8-1　"王松傲寒"视频分享的主要教学步骤

时间	内容
1—15 秒	教学内容引入：宅家久了，是不是没有照片可发了，戴好口罩，带你去拍北京的春天。
16—18 秒	拍摄设备介绍：佳能微单 EOS M6 Mark II
19—28 秒	特写花朵拍摄：标配镜头 15—45，拉到最远的 45 焦段；可以适当给花瓣洒点水，拍出露珠的感觉，让特写更加生动。
29—33 秒	海报大片拍摄方法：从低角度往上拍，以蓝天为背景；打开翻转屏，触控对焦，后期配上手写体的文字，一张海报大片就出炉了。
34—37 秒	可通过 Wi-Fi 将佳能微单上的照片或视频传至手机进行编辑、分享。
38—44 秒	佳能微单 EOS M6 Mark II 视频功能介绍：具备 4K 画质，还可以接外置麦克风，配上佳能自己的小支架，就是一套拍摄 vlog 的神器。
45—55 秒	创作者拍摄的成片展示。

资料来源：本书作者整理。

　　通过步骤分解，能够让用户特别是零基础的人快速学到拍摄花朵时如何进行摄像设备选择与调试，怎样选择拍摄角度等一些小技巧，从而能够快速上手，即学即用。

　　再以抖音上拥有 376.1 万"粉丝"的用户"胡仔一人食"为例，他分享的主要是各式甜点的简单制作方法。视频中创作者仅双手出镜，配有轻松欢快的背景音乐，制作步骤以实际操作和字幕进行说明。以奥利奥布朗尼制作方法教程视频为例（表 8-2）。

表 8-2　"胡仔一人食"视频分享的主要教学步骤

画面截图举例	画面主要内容
	第一步：准备好餐具——一个杯子。
	第二步：准备好食材——一包奥利奥。

续表

画面截图举例	画面主要内容
	第三步：将奥利奥放入杯子中，并倒入小半瓶牛奶。
	第四步：将混入牛奶的奥利奥捣成糊状。
	第五步：将捣成糊状的奥利奥放进微波炉中，以中火加热90 秒左右。
	第六步：取出加热过的食物，没有液体就制作完成了。
	最后步骤：品尝制作好的甜点。

资料来源：本书作者整理。

三、创作导向走向场景化

    "场景"原指电影或电视剧中的场面，后来该词进入新闻与传播领域，在移动互联网时代，这个词有了新的内涵。学者彭兰认为，移动传播的本质是基于场景的服务，即对场景（情境）的感知及信息（服务）适配，构成场景的四个基本要素是空间与环境、实时状态、生活惯性、社交氛围。[1]可以看到，"场景"是一个基于空间的概念，也是一个基于行为和心理的环境氛围。

---

[1] 彭兰. 场景：移动时代媒体的新要素［J］. 新闻记者，2015（3）：20-27.

在短视频社交时代，传播具有更生动的画面感、更强的趣味性和互动性，它不仅满足了用户的情感需求，同时也扩大了场景的使用范围。具体来说：前期，通过移动设备对现实场景进行拍摄或录制，再基于场景设计对现实素材进行加工重组，形成虚拟场景进行线上发布；在此之后，用户的评论、点赞、转发、移动支付应用都在推动着场景的延伸，信息在流动、流淌之间融合成为一种全新的应用场景。①

人们的一切活动都处在一定场景之下。网络营销以消费者在信息和产品等方面的需求为出发点，围绕消费者各种生活、学习、工作场景，综合运用线上、线下多种手段连接起各种场景要素，提升消费者的信息体验，并以此实现信息资源的构建，进而进行精准化的营销。这就是所谓的场景化营销，可以说，场景化已经成了为用户提供个性化信息服务的核心手段。随着移动互联网的普及，定位系统和传感器技术可以快速定位用户的空间场景，而用户在互联网上的一系列行为，如浏览、点赞、评论等，都会形成用户的行为数据，被后台记录追踪，由此又可以精准刻画用户的心理场景。

抖音、快手等短视频平台在提取和分析用户数据后，便可以掌握用户的空间场景和心理场景，从而创造出一个介于虚拟与现实之间的新场景，来满足用户的个性化需求。技能分享类短视频借助场景化的传播，能够拉近与用户的距离，在虚拟的空间中找到归属感和认同感。②比如现实中存在学习绘画、制作美食、学习各类办公软件等多种学习场景，上文也提到用户在现实世界中对于知识和技能的需求多种多样，而通过短视频来进行学习的需求不断增加，于是短视频平台就会以用户需求为导向，营造出众多的学习场景。

以职场上需要使用 Office 办公软件这一场景为例，由于 Word、Excel、PowerPoint 等是职场办公基本都会使用到的软件，但是对于对计算机不太熟悉或者只略懂皮毛的人来说，使用这些软件办公难免有一定困

① 李智，柏丽娟. 虚实共生：场景视角下移动社交短视频"网红打卡"现象研究：以抖音App 为例［J］. 视听界，2020（6）：29-32.
② 孙茹茹. 抖音短视频的知识生产与传播研究［D］. 太原：山西大学，2020：17.

难。用户当然可以通过看文字、图片教程来学习这些软件，但这种教程学习起来费时费力，不能很好满足上班族"即学即用"的需求。显然，短视频实操教学就可以帮助这一群体在几十秒内掌握办公软件某一个实用的操作功能。比如快手上拥有 46.5 万"粉丝"的用户"职场 A 姐"，她的视频就是办公软件快速入门教程，如"Word 文档，你都是怎么删除空行的""Excel 如何快速合并多个单元格内容""PPT 中用一个数字就能做一张

应用软件博主"职场 A 姐"

海报"等。她所分享的技能操作简单，对于职场新人来说上手轻松，可以将所学技能很好地运用在处理工作中。

当然，办公软件操作技能分享只是快手短视频平台中一个垂直细分的场景，每个用户对于不同场景下的知识与技能的需求是不同的，实现用户与场景间更完美的适配，是衡量短视频平台服务水准的一个重要标准。

三、创作模式从 UGC+PGC 到 MCN

抖音、快手等短视频平台上技能分享者的类型呈多样化的发展，根据生产主体的不同，可以分为 UGC、PGC、MCN 三种创作模式，并且已经形成了从 UGC+PGC 到 MCN 的趋势。

UGC 即非专业用户原创内容。在短视频平台上，用户完成了从用户到生产者的角色转型，变成了可以利用互联网进行自我创作的个体内容制作者。抖音的宣传语是"记录美好生活"，快手的宣传语是"拥抱每一种生活"，可以看出它们非常明确用户生产内容导向，吸引更多普通人入驻短视频平台，从而促进平台多元化的知识产出。UGC 的技能分享模式有两个

方面的突出优势：首先，这种传播方式实现了人们从被动接收既定信息到主动共享具有交互性的信息的转变，为个性化的信息定制提供了可能，即让用户能够根据自己的意愿来选择信息。① 其次，用户将原创内容上传到短视频平台后，可以通过他人的点赞、评论和转发等实现自我认同，例如在各种美食制作技能分享的视频中，会有很多类似于"学到了，这就去试试""感谢拯救厨房小白""XX（内容创作者 ID 名）真棒，跟着他（她）学会了做好多菜"等的评论，这种良性的社交互动会让用户更乐于去分享新的技能，从而增强用户黏性。

但是，UGC 的创作模式弊端也较为明显，用户的知识储备情况不一，所分享的技能水准也高低不同。有的分享甚至错误百出，误人子弟。另外，某一内容或领域的技能分享视频若获得了较多关注和好评，就会有更多用户闻风跟进，造成视频内容的同质化、均等化问题。

单纯依靠 UGC 的创作模式并不能满足平台长期发展所需，因此，短视频平台大力邀请拥有一定知名度的专业人士进驻。这些专业人士以更加权威、专业的方式来进行技能分享，获得了很多关注，从而吸引更多具备专业技能的个人或团队加入其中，这就是 PGC 的创作模式。这种模式的优势在于拥有更专业的团队和更强的短视频制作能力，更能保证产出内容的质量；PGC 内容生产流程完善，相关资源充足，具有持续生产力，能够实现品牌化发展，将用户变成"粉丝"。

当下，UGC+PGC 已成为短视频平台的主要创作模式。随着国内短视频行业的火热，社会资本源源不断地注入短视频领域，处于头部的 PGC 团队为了增强自身的竞争力，引入了国外的 MCN 短视频生产模式。MCN，即多频道网络，它是指在资本的支持下，内容生产者联合起来进行专业内容的持续稳定输出，从而实现商业稳定变现的短视频生产模式。抖音的快速发展吸引了众多实力雄厚的 MCN 机构争相与之合作，如洋葱集团、二咖传媒、蜂群文化传播等。这些 MCN 机构与众多原创内容生产者签约，

① 米博. UGC 短视频冲击下主流媒体的转型：以央视频为例［J］. 视听，2020（11）：198-199.

包括技能分享类视频创作者，如抖音上拥有 39.5 万"粉丝"的"熊叔厨房"，他与"青藤文化" MCN 机构签约，专门分享各种美食的制作小技巧。

优质技能分享类短视频创作者加盟 MCN 机构，双方均能获益：MCN 机构帮助创作者进行内容生产、编辑、包装、推广等，而创作者所获得的收益会按照一定比例与 MCN 机构进行分成。二者的良性互动，能够推动优质内容的产出，打造高品质专业创作者矩阵，从而推动技能分享类短视频的长远发展。

美食博主"熊叔厨房"

第三节　技能分享类短视频的策划与制作

相比较前面章节所涉及的资讯类、恶搞类、网红 IP 类、微纪录片类、情景短剧类及创意剪辑类短视频，技能分享类短视频具有更强的实用性，但趣味性、话题性则稍逊一筹，其引流能力受到一定限制。新媒体时代，用户的注意力在爆炸的信息面前已然成为稀缺资源，内容创作者该如何策划与制作兼具实用性与趣味性的技能分享类短视频，让用户真正为之驻足呢？

一、要利用反差人设，打造个人 IP

碎片化传播时代，视频用户的注意力呈现出碎片化、短暂性与不确定性等特点。在这种背景下，想要俘获流量，内容创作者在进行技能分享类短视频策划与制作时应充分利用人设和个人 IP 所可能发挥的巨大力量，如此才可让自己的视频在这个用户注意力是稀缺资源的时代里脱颖而出，甚至在题材与其他博主雷同的情况下"出奇制胜"。当然这里的"出奇"要以遵纪守法为基础，维护社会的公序良俗。

美妆博主
"仙姆 SamChak"

技能分享者可以作为视频内容主体，以与自身特性反差较大的人设出镜，以此来打造别具一格的个人 IP，突显自身在用户心中的记忆点。以美妆技能分享类视频为例，美妆博主"仙姆 SamChak"在抖音平台上拥有 1 446.6 万"粉丝"，截至目前共发布 400 多个作品，共获得 9 000 多万点赞。该美妆博主是一名男性，但美妆在传统话语体系里似乎一直是女性的"专利"。换言之，美妆是女性社交中比较关注的话题之一，通常美妆博主也多为女性，而这就是前文所说的反差。从传播主体来看，仙姆 SamChak 在性别上打破了以往化妆品专属女性的刻板印象。在他的美妆技能分享视频中，他在自己的脸上上妆，并在上妆的过程中与用户分享专业的美妆技巧和知识。而从传播效果来看，仙姆 SamChak 通过这一反差形象很好地抓住用户的好奇心，可以有效吸引用户的注意力，从而让自己在千篇一律的美妆博主中脱颖而出，并在美妆界占据一席之地。

利用反差人设吸引用户的注意力之后，紧接着需要趁热打铁，打造个人 IP。在互联网时代，IP 可以指一个符号、一种价值观、一个具有共同特征的群体、一部自带流量的内容。① 而个人 IP 简单来说就是个人的品牌形象，品牌形象代表了社会公众对于该品牌的看法和印象，体现了社会公众对该品牌的认知和评价。不论是在大众媒体时代还是在自媒体时代，品牌

① 熊忠辉. 个人 IP 的视频媒体化与传播品牌化：以"李子柒现象"为例 [J]. 传媒观察，2020 (2)：22-26.

对于传播效果的影响都是不可忽视的，"成功的个人品牌形象不仅能够积累更多的受众，形成良好的传播效果，还会带来巨大的经济效益。"① 对于技能分享类短视频的个人 IP 而言，自我角色的塑造首先离不开专业形象的打造，作为信息传播源，传播主体的专业性很大程度上决定了视频所传播的信息的可信度。同样以仙姆 SamChak 为例，他于 2012 年 2 月 23 日从巴黎彩妆学院毕业；2012 年至 2014 年为玫珂菲（Make Up For Ever）的彩妆师；2014 年至 2018 年担任艺人彩妆师；2019 年开始做全职美妆博主。从他的个人经历来看，他无疑拥有专业的美妆知识储备，这在很大程度上为其分享的美妆视频背书。加上他在此类视频中所呈现的反差人设以及开朗、幽默的性格，其个人品牌形象塑造十分成功，也为他的美妆技能分享短视频带来源源不断的流量。

二、要符合碎片化传播要求，善用标志符号

从内容策划方面来看，技能分享类短视频的制作坚持用户思维导向是情理之中的，这就要求技能分享类短视频在内容策划上充分考虑其垂直领域的用户喜好，在内容制作上注意时长限制，在技能教授上不求全但求精，内容整体要符合碎片化传播总要求，还有一点就是在视频内容中要更多地使用标志性符号，以此来形成与用户的专属符号互动。后两点比较重要，此处说明详细一些。

传播主体的多元化、社会需求的多元化等因素共同推动了碎片化时代的到来。短视频作为一种集文字、图片、声音、图像为一体的新型媒介，可以很好地满足大众对于多元信息的需求，能够契合大众碎片化观看的习惯。抖音作为短视频社交平台，用户可以拍摄 15 秒的短视频进行分享。15 秒的视频时长设计在一定程度上与用户的注意力起伏值相吻合。注意力的起伏是介于注意力稳定和注意力分散的一种过渡变化状态。短时间内的注意波动主要由人们的生理节律引起，次起伏波动平均为 8~12 秒。② 但

① 汤露敏．美妆博主李佳琦短视频传播策略研究［D］．石家庄：河北大学，2020：13.
② 赵轩．网络短视频的受众心理分析：以抖音短视频为例［J］．视听，2019（12）：166－167.

这一时长设置并不是固定的，随着用户"粉丝"数量的增长，创作者可以将拍摄时长延长至 60 秒甚至更多。这是抖音平台在时长上的基本设置。根据 CSM 媒介研究所发布的《短视频用户价值研究报告 2018—2019》，在短视频中，0.5～3 分钟的短视频最受欢迎，接近 48.7% 的用户喜欢 0.5～3 分钟的视频，其中 25.7% 的用户更喜欢 0.5～1 分钟的视频。[①] 因而技能分享类视频在时长设置上也要谨遵这一规律。不同于 B 站上多数美妆技能分享 UP 主将视频时长设置在 10～20 分钟的情况，仙姆 SamChak 在抖音平台上的视频时长多在 3 分钟以内，在分享内容上往往只针对一个化妆问题进行技巧讲授，例如，如何打高光，怎么上底妆可以不留泪痕，如何为自己的眼型勾画与之匹配的眼线等。短而精的内容，加上幽默的"塑料普通话"，饱满的情绪、快节奏的话语，在几分钟以内就向用户传递他们所需要的美妆信息，紧抓用户注意力。

标志性的语言符号和非语言符号，可以在很大程度上加深用户对于视频内容的印象，形成个人及视频内容独特的风格。米德在象征性符号互动理论中指出，人与人之间是通过传递象征符和意义而相互作用和相互影响的，象征性的社会互动首先是互动双方通过象征符来交流或者交换意义的活动。被交流或交换的意义，对传播者而言是他为发出的符号赋予的含义和对符号可能引起的反应的预想；对接受者而言是他对传来的符号的理解、解释和反应。[②] 总体而言，象征符号是社会生活的基础。在符号被广泛使用的背后是人们对于这一符号及其相关主体的认同，而且符号的不断重复使用也能够很好地起到强化传播效果的作用。基于此，技巧分享类短视频也要尽量在视频内容中不断重复使用一些独具特色的标志性符号，以增强用户的对于视频内容的认同，与之形成很好的符号互动。

观察仙姆 SamChak 抖音账号中的美妆视频就可以发现，在其紧凑、快速的美妆技能讲述中，魔性的"哈哈哈哈哈哈哈哈"、"作为 32 岁的资深 XXX"以及"作为给人化了十几年妆的化妆师"都是该美妆技能分享者常

---

① 张天莉，罗佳. 短视频用户价值研究报告（2018—2019）[J]. 传媒，2019（5）：9-14.
② 米德. 心灵、自我与社会 [M]. 霍桂桓，译. 北京：华夏出版社，1999：72-85.

用的话术。这些被反复搬出的话术一方面可以很好地渲染欢乐的气氛，另一方面还可以在无形中强调自己的专业性，从而增强用户对于该账号及视频内容的认同感。而除了这些被反复使用的语言符号，仙姆 SamChak 还有一些常用的非语言符号，比如"兰花指""挑眉"及"捂脸笑"等，有的动作极具女性特征，可以很好地拉近其与女性用户之间的距离，使其视频更容易受到女性用户的欢迎。

三、要打造立体分销渠道，回应用户反馈

随着网民数量的逐年增加，各种 App 也层出不穷，不断瓜分着网民的注意力，网民因其习惯使用的 App 不同而产生了不同的圈层。"您在哪一片网域冲浪？"便是对于这种网民圈层化最好的调侃。各大平台瓜分流量，平台的可供性又不断为其用户织就一张厚网，将用户包裹其中以防外流。尽管如此，多平台、多元化的传播方式已经成为当下信息传播的趋势。在这种情况下，技能分享者要在多个平台积极布局账号，以打造立体化的传播矩阵。

不论是美妆技能分享类的内容创作者仙姆 SamChak、毛戈平，还是绘画技能分享类创作者小熊奶黄包、画界悟空，抑或是美食技能分享类的熊叔厨房，他们在视频发布上都遵循着一个原则，即同一技能分享内容多平台多渠道分发，不同平台不同渠道相互补充。这些平台和传播渠道涉及当下最受欢迎、也是流量巨大的短视频平台和社交平台，如，抖音、快手、小红书、微博、B 站等。多平台布局所形成的立体化传播矩阵可以很好地使各平台的账号相互引流，从而提高同一技能分享类视频的浏览量和点赞量。

从具体平台布局与规划而言，抖音、快手等可以作为技能分享类短视频的主要发布平台。原因在于，据《2020 抖音数据报告》，抖音日活跃用户突破 6 亿，日均视频搜索次数突破 4 亿，这显示着抖音用户体量之大，在此类平台发布视频可以在很大程度上收获较多流量。此外，视频传播已然进入竖屏时代，竖屏内容更符合人们的观看习惯，作为竖屏的引领者和推动者，抖音更适合作为技能分享类短视频的发布平台。小红书 App 的口

号是"标记我的生活",其定位是生活方式平台和消费决策入口,很多人称之为"种草"平台。因此在这一平台上,技能分享者可以通过分享生活的方式讲述特定技能,以提升用户对这一技能的兴趣,进而为自己的其他技能分享类视频引流。而微博作为国内最具影响力的社交媒体之一,它可以实现用户间的及时互动与信息传播,比抖音、小红书等平台具有更强的社交属性,这使得微博平台更适合用来与"粉丝"互动,从而拉近与"粉丝"的距离,增加"粉丝"黏性。仙姆 SamChak 在抖音、小红书以及微博均有账号,在抖音平台主要发布一些实用性强的美妆技能分享类短视频,在小红书平台则利用更长的视频内容来对在抖音平台无法完全讲述的美妆技能进行补充,在微博平台则通过回复"粉丝"评论、抽奖等方式与"粉丝"互动。三个平台各自独立又相互影响,立体化的传播很好地提升了其视频内容的影响力。

在新的视频内容中回应用户评论与反馈同样不可忽视。在控制论中,反馈是指给定信息作用于被控制对象后所产生的结果再输送回来,并对信息的再输出产生一定影响的过程。控制论提出者维纳曾说过,所谓反馈就是"一种能用过去的操作来调节未来行为的性能"①。从反馈的这一定义可知,利用反馈可以在一定程度上优化传播内容。在一些美妆类教程视频的评论下面经常会出现"可以出一期内双怎么画眼影吗?""老师可以出一些日常妆容教程吗?""求遮瑕教程"等评论。而多数美妆技能分享者也会选择评论区中呼声较高的反馈进行回应,回应的方式往往是在新一期的视频中讲授用户想要学习的美妆技巧。

对于这些技能分享者来说,这种对用户反馈的回应,一方面通过满足用户的要求,拉近与用户的心理距离,增加用户黏性;另一方面对用户反馈的回应也是一种新的内容生产提示,用户的疑问、疑惑或需求可以使创作者产生新的灵感,从而解决策划初期比较麻烦的内容定位、用户定位及选题系列化等问题。

---

① 陈龙. 大众传播学导论［M］. 4 版. 苏州:苏州大学出版社,2013:57.

主要参考文献

著作类

阿霍南，巴雷特. UMTS 服务［M］. 宋美娜，曾奕郎，林洁珍，等译. 北京：中国铁道出版社，2004.

波德里亚. 象征交换与死亡［M］. 车槿山，译. 南京：译林出版社，2006.

波兰尼. 个人知识：迈向后批判哲学［M］. 许泽民，译. 贵阳：贵州人民出版社，2000.

陈龙. 大众传播学导论［M］. 4 版. 苏州：苏州大学出版社，2013.

德波. 景观社会［M］. 王昭凤，译. 南京：南京大学出版社，2006.

冯健. 中国新闻实用大辞典［M］. 北京：新华出版社，1996.

郭庆光. 传播学教程［M］. 北京：中国人民大学出版社，1999.

哈布瓦赫. 论集体记忆［M］. 毕然，郭金华，译. 上海：上海人民出版社，2002.

卡斯特. 认同的力量［M］. 夏铸九，黄丽玲，等译. 北京：社会科学文献出版社，2003.

吕晓志. 中美情境喜剧喜剧性比较研究［M］. 北京：中国电影出版社，2008.

马中红，陈霖. 无法忽视的另一种力量：新媒介与青年亚文化研究［M］. 北京：清华大学出版社，2015.

麦克奎恩. 理解电视［M］. 苗棣，赵长军，李黎丹，译. 北京：华夏出版社，2003.

米德. 心灵、自我与社会 [M]. 霍桂桓, 译. 北京：华夏出版社, 1999.

苗棣. 中美电视艺术比较 [M]. 北京：文化艺术出版社, 2005.

彭兰. 新媒体用户研究：节点化、媒介化、赛博格化的人 [M]. 北京：中国人民大学出版社, 2020.

司若, 许婉钰, 刘鸿彦. 短视频产业研究 [M]. 北京：中国传媒大学出版社, 2018.

梭罗门. 电影的观念 [M]. 齐宇, 译. 北京：中国电影出版社, 1986.

汤普森, 鲍恩. 剪辑的语法 [M]. 梁丽华, 罗振宁, 译. 北京：世界图书出版公司, 2014.

王国平. 中国微影视美学地图：短视频、微电影、形象片、快闪、MV之发明与创意 [M]. 上海：文汇出版社, 2020.

王勇. 网红是怎样炼成的 [M]. 北京：电子工业出版社, 2016.

袁国宝. 超级网红IP：个人品牌引爆之道 [M]. 北京：电子工业出版社, 2017.

曾一果. 恶搞：反叛与颠覆 [M]. 苏州：苏州大学出版社, 2013.

张健. 视听节目类型解析 [M]. 上海：复旦大学出版社, 2018.

张彧. 数字剪辑 [M]. 广州：暨南大学出版社, 2018.

郑昊, 米鹿. 短视频：策划、制作与运营 [M]. 北京：人民邮电出版社, 2019.

仲呈祥, 陈友军. 中国电视剧历史教程 [M]. 北京：中国传媒大学出版社, 2009.

朱玛, 吴信训. 电影电视词典 [M]. 成都：四川科学技术出版社, 1988.

竹内敏雄. 艺术理论 [M]. 卞崇道, 等译. 北京：中国人民大学出版社, 1990.

论文类

敖鹏. 网红为什么这样红?：基于网红现象的解读和思考［J］. 当代传播，2016（4）：40-44.

卞祥彬. 媒介环境变迁下时政微视频的传播策略［J］. 当代电视，2019（1）：77-79.

别昊. 制作刷屏级的爆款短视频：标题文案篇［J］. 中国眼镜科技杂志，2020（9）：35-37.

曹进，靳琰. 网络强势语言模因传播力的学理阐释［J］. 国际新闻界，2016（2）：38-40.

曹慎慎. "网络自制剧"观念与实践探析［J］. 现代传播，2011（10）：113-116.

曹晚红，武梦瑶. 重构生产模式：融媒时代时政报道创新路径探析：以2019年两会报道为例［J］. 中国新闻传播研究，2019（2）：79-88.

陈星. 时政新闻报道的"加减法"［J］. 新闻与写作，2014（2）：80-82.

陈阳. PGC+UEM：微纪录片的生产模式创新：以《了不起的匠人》为例［J］. 中国电视，2016（11）：84-87.

陈瑶. 当代中国草根阶层流动的困境之思［D］. 湘潭：湘潭大学，2017.

崔旺旺. 从 ID 到 IP 化网红的市场发展研究：基于短视频新媒体分析［J］. 市场周刊，2018（9）：72-73.

杜骏飞. 文化阶层是如何被想象的?［J］. 电影艺术，2010（4）：101-109.

范天玉. 当代中国语境下的"IP"定义分析［J］. 陕西广播电视大学学报，2019（4）：88-91，94.

范志红. 以优质内容让短视频实现长发展［J］. 传媒论坛，2020（3）：37-38.

冯楷. 主流媒体时政微视频的继承与创新：以"央视新闻"新媒体为

例 [J]. 中国广播电视学刊，2019 (8)：14-17.

高金生，高路. 浅析长篇电视连续剧的结构方法 [J]. 中国电视，2003 (11)：48-54.

谷琳. 新媒体环境下微纪录片的制作与传播研究 [J]. 四川戏剧，2018 (4)：43-47.

郝胜宇，陈静仁. 大数据时代用户画像助力企业实现精准化营销 [J]. 中国集体经济，2016 (4)：61-62.

何亦郐. 中西方"丑的艺术"的隔空对话：审丑文化也应当是一门独立的艺术学科 [J]. 东南大学学报（哲学社会科学版），2013 (S2)：106-113.

侯良健. 时政微视频的创作理念与主题表现 [J]. 中国编辑，2019 (11)：74-78.

胡雪婷. 网络恶搞之侵权分析：由"duang"事件引发的法律思考 [J]. 法制博览，2015 (11)：124-125.

胡泳. 视频正在"吞噬"互联网 [N]. 经济观察报，2021-02-08 (22).

胡正荣. 构建融合媒体产业的生态系统 [N]. 人民日报，2015-11-15 (5).

黄伟迪. 再组织化：新媒体内容的生产实践：以梨视频为例 [J]. 现代传播，2017 (11)：117-121.

黄云霞. 大陆网络恶搞视频十年发展史 [D]. 长沙：湖南大学，2010.

蒋波. 抹黑英雄恶搞历史成网络公害 [J]. 领导之友，2015 (8)：13-14.

焦道利. 媒介融合背景下微纪录片的生存与发展 [J]. 现代传播，2015 (7)：107-111.

孔令顺，宋彤彤. 从 IP 到品牌：基于粉丝经济的全商业开发 [J]. 现代传播，2017 (12)：115-119.

黎映伶. 自媒体短视频类垂直内容深耕策略研究：以新浪微博用户"papi 酱"为例 [J]. 新媒体研究，2019 (7)：82-83.

李昊. 新闻资讯移动视频直播的策划研究：以腾讯、网易为例［D］. 石家庄：河北大学，2017.

李群. 情景喜剧和网络大众文化消费关系研究［D］. 济南：山东大学，2012.

李文佳. 中国短视频 MCN 发展模式研究［D］. 西安：西北大学，2018.

李洋. 新媒体语境下我国微纪录片研究［D］. 广州：华南理工大学，2016.

李智，柏丽娟. 虚实共生：场景视角下移动社交短视频"网红打卡"现象研究：以抖音 App 为例［J］. 视听界，2020（6）：29-32.

刘烨. 微纪录片的特征与叙事策略：以《故宫 100》为例［J］. 新闻世界，2013（7）：273-274.

柳爽. 时政短视频创作及传播的创新路径：基于 2017 年十佳新闻短视频获奖作品的分析［J］. 电视研究，2018（3）：55-57.

陆星宇. 从需求看短视频内容知识化转向［J］. 家庭科技，2020（8）：21-23.

罗雅文. 美食类短视频自媒体的运营策略分析：以"日食记"为例［D］. 武汉：华中科技大学，2017.

米博. UGC 短视频冲击下主流媒体的转型：以央视频为例［J］. 视听，2020（11）：198-199.

彭兰. 场景：移动时代媒体的新要素［J］. 新闻记者，2015（3）：20-27.

邱龙. 有关化学用语技能的阐释［J］. 考试周刊，2017（35）：53.

裘安曼. 从 IP 的中文翻译说开去［J］. 知识产权，2010（5）：65-70.

任中峰. 网络恶搞的传播学分析［D］. 南昌：南昌大学，2007.

石凤玲. 从创意概念、广告创意到创意产业："中国创意"命题的提出［J］. 广义虚拟经济研究，2019（1）：69-74.

宋湘绮，黄菲菲. "网红"超级 IP 的孵化探析［J］. 北方传媒研究，

2017（6）：42-46.

孙茹茹. 抖音短视频的知识生产与传播研究［D］. 太原：山西大学，2020.

谈馨. "一条"短视频的创作研究［D］. 长沙：湖南大学，2017.

汤露敏. 美妆博主李佳琦短视频传播策略研究［D］. 石家庄：河北大学，2020.

王春枝. 微纪录片：新媒体语境下纪录片的新样态［J］，电视研究，2013（10）：49-51.

王家东. 微纪录片的命名与发展［J］. 中国广播电视学刊，2017（5）：78-81.

王家东. 移动互联时代的微纪录片：视角、叙事与传播［J］. 当代电视，2018（2）：60-61.

王凯. 网络亚文化现象理论解析［D］. 重庆：西南政法大学，2010.

王晓红，任垚媞. 我国短视频生产的新特征与新问题［J］. 新闻战线，2016（9）：72-75.

位俊达. 跨文化视角下微纪录片的传播：以《了不起的匠人》为例［J］. 青年记者，2018（08）：73-74.

吴丹. 网络空间的"嗑文化"研究：文本、社群与情感驱动［J］. 东南传播，2020（4）：75-79.

吴丹. 网络空间的"嗑文化"研究：文本、社群与情感驱动［J］. 东南传播，2020（4）：75-79.

吴炜华，张守信. 在地化重构与可持续前瞻：中国短视频的文化实践与创新发展［J］. 青年记者，2020（30）：9-11.

熊忠辉. 个人IP的视频媒体化与传播品牌化：以"李子柒现象"为例［J］. 传媒观察，2020（2）：22-26.

徐照朋. 新媒体时代网红经济的内容创作：基于短视频形态的案例分析［J］. 西部广播电视，2020（3）：21-22.

晏彩丽. 新京报"我们视频"的短视频新闻特色研究［D］. 开封：河南大学，2018.

喻国明，弋利佳，梁霄. 破解"渠道失灵"的传媒困局："关系法则"详解：兼论传统媒体转型的路径与关键［J］. 现代传播，2015（11）：1-4.

喻文益."流量为王"的"善"与"恶"："质量为王"才是真正的"王道"［J］. 人民论坛，2019（6）：124-126.

臧雷振. 新媒体信息传播对中国政治参与的影响：政治机会结构的分析视角［J］. 新闻与传播研究，2016（2）：51-65.

张化新.《一个馒头引发的血案》的后现代意义［J］. 唐都学刊，2006（6）：107-109.

张健，周爱炳. 融合时代的电视媒体："二元结构"羁绊下的现实困境［J］. 南方电视学刊，2014（6）：6-12.

张天莉，罗佳. 短视频用户价值研究报告（2018-2019）［J］. 传媒，2019（5）：9-14.

张伟娟. 波德里亚符号消费理论研究［D］. 长春：吉林大学，2011.

张文静. 中国土味短视频的审美泛化研究［D］. 杭州：浙江师范大学，2020.

张心侃，车沛强. 时政新闻剪辑叙事策略初探：以"央视网"微视频为例［J］. 记者摇篮，2020（9）：5-6.

张欣、郑伟. 中国纪录片的红、白、蓝：2011年中国纪录片活动年度盘点［J］. 中国电视，2012（3）：49-53.

张燕，韦欣宜，尹琰.《新闻联播》快手短视频内容与传播热度影响因素探究［J］. 电视研究，2020（8）：79-82.

张英培. 我国新闻资讯类短视频的布局、趋势与前景［J］. 新闻世界，2020（3）：62-65.

赵陈晨，吴予敏. 关于网络恶搞的亚文化研究述评［J］. 现代传播，2011（7）：112-117.

赵琳. 重大题材时政微视频的发展与创新：以三大主流媒体为例［J］. 视听，2021（1）：124-126.

赵轩. 网络短视频的受众心理分析：以抖音短视频为例［J］. 视听，

2019（12）：166-167.

赵子薇. 青年亚文化视角下恶搞短视频研究：以明星类恶搞为例 [D]. 南昌：南昌大学，2020.

钟丹敏."5W 模式"下资讯类短视频传播特征研究：以"梨视频"为例 [D]. 武汉：华中师范大学，2018.

周传艺. 国内网络自制短剧的后现代化研究 [D]. 南昌：南昌大学，2016.

朱婷. 我国网络自制剧的受众分析：基于麦奎尔的三大研究传统 [J]. 戏剧之家，2017（5）：120-122.

邹明霏，王烨烨. 新媒体产生的网红 IP 流量问题分析和对策研究：以抖音短视频为例 [J]. 产业创新研究，2019（9）：21-24.

后 记

　　本书是以类型作为关键词在《当代电视节目类型教程》《视听节目类型解析》之后完成的第三部类型书籍，也是网络"原住民"与网络"移民"的一次合作尝试。尝试的步骤是：先由"移民"提出全书的主要内容、框架与类型、研究方法、时间安排等，由"原住民"雷凯虹、秦建茹、郑瑗、欧阳明珠、陈盼盼、王紫豪六位硕士生查找文献、研读案例，进行田野式观察与剖析，分别完成时政类、资讯类、微纪录片类、网红 IP 类、草根恶搞类、情景短剧类、创意剪辑类、技能分享类八个类别的资料收集；再由"移民"按照最初设计的主要内容、框架与类型、研究方法等进行书写，并从概念界定、类型特征、演进简史、策划要点、案例举证以及篇章逻辑等方面进行仔细推敲、选择、修改与订正；最后统一定稿，绪论由"移民"写作完成。感谢六位硕士生的踊跃参与、热情支持！当然，读者发现本书在概念界定、类型特征、演进简史、策划要点等方面的任何错误、不足乃至文字上的 bug 由"移民"负责，还请各位方家、读者反馈宝贵意见到笔者邮箱：shuangyuezj@163.com。

　　正如本书序言所言，本书对短视频类型的识同与辨异只不过是借助类型学方法对千差万别、千奇百怪、无所不包、即时即拍而又无所不能的短视频进行的一次虚拟性静态实验。其实，众所周知，自 2016 年"短视频元年"以来，随着技术、资本、公众、企业组织与政府等各种传播主体对短视频形态与业态理解与预期的不断变化，短视频这条大河已经在资本、公众与政府等各方力量的挟持下一路狂奔，绝尘而去。从这个意义上说，对短视频类型的识同与辨异仍然"在路上"，甚至于本书付梓之际，新版《短视频类型创作导论》亦已来日可期！

感谢本丛书总主编、长江学者陈龙教授将本书列入"数字媒体艺术丛书"，感谢苏州大学出版社陈兴昌总编、李寿春总编助理及责任编辑杨宇笛为本书付梓所付出的辛劳与汗水！当然，最希望本书的读者能够读有所获，积极实践，早日打造成功爆火的短视频产品！

"网络移民"张健

2021 年 4 月底于苏州金鸡湖畔